我 相信我

不断地进行积极的心理暗示

[英] 杰萨米·希伯德（Jessamy Hibberd） 著　　李晓磊 译

中国·友谊出版公司

图书在版编目（CIP）数据

我相信我：不断地进行积极的心理暗示 / (英) 杰
萨米·希伯德著；李晓磊译. —— 北京：中国友谊出版
公司，2021.5

书名原文：The Imposter Cure

ISBN 978-7-5057-5208-5

Ⅰ.① 我… Ⅱ.①杰… ②李… Ⅲ.①自我暗示－通
俗读物 Ⅳ.①B842.7-49

中国版本图书馆CIP数据核字（2021）第068292号

著作权合同登记号：01-2021-1967

Copyright 2019 by Dr.Jessamy Hibberd

This edition arranged with OCTOPUS PUBLISHING GROUP LTD

书名	我相信我：不断地进行积极的心理暗示
作者	［英］杰萨米·希伯德
译者	李晓磊
出版	中国友谊出版公司
发行	中国友谊出版公司
经销	北京时代华语国际传媒股份有限公司　010-83670231
印刷	唐山富达印务有限公司
规格	880×1230毫米　32开
	8 印张　172 千字
版次	2021 年 5 月第 1 版
印次	2021 年 5 月第 1 次印刷
书号	ISBN 978-7-5057-5208-5
定价	59.80 元
地址	北京市朝阳区西坝河南里 17 号楼
邮编	100028
电话	（010）64678009

你不是冒名顶替者

每当我兴奋地跟家人和朋友谈起本书的内容，最常见的反应是，"我也有这种感觉——这正常吗？"很多时候，他们脸上闪过一瞬被理解的神情，像是终于松了口气。"原来不是只有我会这样。"他们心想。

每个人都能讲出一个类似的故事。

"我妹妹工作能力非常强，但她却总是说，同事们都认为她出色，而她自己却想不明白为什么。"

"拿到博士录取通知书时，我就有这种感觉。"

"前几天，一位同事跟我说，他觉得自己就是在混日子——尽管他已有三个孩子，也非常成功，但他仍然觉得自己很快就会被炒鱿鱼。"

备受冒名顶替综合征困扰的绝非你一人，生活中我们或多或少都会受到这个症状的影响。不管它一直存在还是偶然情况下才出现，我们都体会过那种感觉，也许是你开始一份新工作时，也许是你得到升职或被录取入学时。而这一切不过是在说明，你在意所做的事情，想把它们做好，但同时又担心自己做不到。

随着对本书及社会研究的深入，我逐渐意识到，冒名顶替综合征的表现形式并不仅仅局限于认为自己存在欺骗行为，它会以一长串不同的方式呈现出来。它可能表现为缺乏安全感、怀疑自我、害怕失败及过度追求完美，还可能表现为自责、自卑、无法接受赞美或只看到自己的短处。它是一种防止骄傲产生的心理保护机制，是害怕一切出错而预设的安全网。审视这诸多表现形式，完全可以把它称作"为人皆有之症"而非"冒名顶替综合征"。它的影响范围已经大到不容忽视，令太多人不能全身心地投入生活，因而是时候对之加以公开普及和讨论了。

开始写这本书之前，冒名顶替综合征并不是我和朋友家人能日常谈起的话题。出于恐惧和羞耻，我们在生活中很少有机会谈论这些感受，继而也很难发现其他人也会有同样的感受。

本书旨在展开一场关于冒名顶替综合征的公开讨论，希望它能帮助你和更多人了解到这样一个道理：你有这种感觉并不意味着你存在某些缺点，它只是表明，对于想做的事情，你还不具备十分的把握。产生这种感觉并不代表你是个冒名顶替者，而是几乎所有人都会感受到的一种正常的不适，当你认识到这点后，你就能够做出不同的反应。通过认知和练习，你会发现与恐惧、脆弱和失败建立一种健康的关系是可能的，进而防止这些负面情绪进一步限制你的思想和行为。不仅如此，你还能够敞开心扉，重新审视生活，思考当下，规划将来。

希望你能喜欢这本书，并请记住：你的确做到了，你并不是冒名顶替者；你值得拥有成功，要相信自己。

是时候摆脱冒名顶替综合征的心理陷阱了！

导 语

你并不孤独

也许我们并不相识，我也没能有机会聆听你的故事，但我却肯定，对于你，我已经了解了很多。

一直以来你都背负着一个秘密，它让你生活在一种低级恐惧状态之中，担心自己总有一天会被戳穿。你欺骗了所有人，让他们相信你比他们强；你做事面面俱到，同时努力避免真相被发现；真正了解你的人会看到华丽表面下隐藏的层层裂痕。你的大部分成就不过是因为运气好、时机佳。事实上，你是个冒名顶替者。

你可能不会一直有这种感觉。但是当它找上你时，那种无处不在的自我怀疑和不安全感会给你所做的任何事都蒙上一层阴影；它会制造出持续不断的紧张和焦虑感，影响你的工作和人际关系。它可能会促使你不断追求完美，但由于真正的完美并不存在，对于所实现的自我和成就，你很少会感到满意和满足。

家人、朋友和同事都认为你能干又成功，他们并不知晓你内心的混乱。在他们看来，你过得不错，或者说很好。他们甚至希望自己能够跟你一样好。但你心里知道他们其实搞错了，你觉得自己不过是虚有其表，只是善于给人留下能干的印象而已。他们看到的你与真实的你相差甚远。

　　偶尔，你也会向家人或好友敞开心扉谈起这种感受，但你的顾虑往往会被忽视，因为身边人无法将你所说的感受与所见的事实相匹配。他们可能认为你是谦虚过度，而实际上，你只是害怕。鉴于此，你经常感到被误解，没人能够百分百地理解你的感受。

　　只有你知道，你只是强撑场面而已。你必须比其他人更努力，以防别人发现真正的你；又或是当做一个大项目时，你总是拖拖拉拉，在到期交付的那一刻才把一半的工作东拼西凑起来。你没什么特别的，只是因为运气、人脉或比别人更努力，才实现了那些成就。一直以来，你明明已经很成功，却总是告诉自己任何人都可以做到，你不过是占尽了天时地利的优势。这次你可能成功了，但又能持续多久？当事情没能按计划进行时，这些想法就占据你的脑海；你不断在心里重复自己的失误，自责的情绪愈加深重。

　　如果得到了他人的正面评价，你会认为这仅仅是因为人们太善良而又恰好喜欢你。若有成功，也更应当归于团队的努力而非你个人；而若是失败，错就都在你。你已经备好了一整个反应库，不管情况怎样，都可以信手拈来。结果是不管做什么，你都不能正大光明地享受成功。

　　你坚信自己不够好，多年来一直有条不紊地构筑更多的论点来支持你的这种观念。任何与之相符的证据出现，你都会悉数接收；而任何与之不符的证据，你都自动忽略。无论有多少事实与你的观点相矛盾，你都无法坦然接受自己的成就，受到表扬时，你总是感到不自在。这令你几乎不可能认可自己的成就，也不认为自己有才干和能力。即使在自己的岗位已经工作多年，这种感觉仍然与你如影随，因为你对自己的看法从未改变。

接下来你又获得了成功，又解决了一个难题，然而这并没有帮助，反而让事情变得更糟。你取得的成功越多，责任和知名度越大，你感觉到的压力也越大。面对又一次的成功，你不是质疑或改变自己的观点，而只是感到欣慰，因为你又一次做到了，没人发现真相并揭穿你。你又成功逃脱了。

心头总被这种感觉占据，目标实现后你无法享受成功的喜悦，也无法去做令人开心的事。你立刻就把这些选择一一否定，认定此刻更有可能被揭穿，即使是人生中一些最好的时刻你也完全不敢松懈。你很少会庆祝自己的成就，也很少会坦然和放松地接受成功。如果始终背负如此重的心灵负担前行，你将很难享受生活。

伊芙太了解其中滋味了。

当他们通知伊芙已经被录用时，她感到无比震惊。在递交工作申请时，她根本不相信自己能有机会。她的背景资历显然无法跟其他申请者相比，他们都是大学毕业，而她只有几年在职工作经验。在学校时她成绩很差，毕业后很幸运找到了一份可以一直坚持的工作。她工作很努力，人际关系也很好，但除此之外也没什么特别出色的。她能做到的，别人都能做到。

伊芙一直都很受大家喜爱。她知道自己在面试中给人留下了很好的印象，但那只是表面现象。如果相处时间只有一个小时，那任谁都可以让他人相信自己有多么无所不能。而当你成为公司一员，每天都能见到这些人时，再要保持这种观念可就不容易了。她感到自己已经骑虎难下。

因为太喜欢她这个人，公司在录用她时可能忽略了学习成绩。

但当他们看到她的工作不如其他人的时候，还会继续喜欢她吗？在内心深处她知道，公司录用她其实是个巨大的错误。严重的自我怀疑吞噬了她。克服这一切的唯一办法，就是把注意力从她身上移开，做好每件事，努力工作，坚持不懈，永不犯错。

每当有新项目开始时，伊芙都异常紧张。但等到最后期限时，她又总能有办法把工作全部整合完成。她长时间加班，连周末也不例外，以此来掩盖工作上的苦苦挣扎；她花特别长时间来写电子邮件，不断地检查措辞和准确性，不达完美绝不将自己的工作分享出去。

她害怕开会，想开口说话，但又不敢冒这个险，怕会暴露自己。当不得不在会上做陈述时，她会事先花费好几个小时不断地准备练习，直到所有要讲的内容都了然于心。她很少休假，因为一旦缺席，别人或许就会因为好奇来一探究竟。尽管经理一再鼓励她接手更大的项目，她还是推辞掉了。

偶尔也会有一些负面的反馈，这让她感到崩溃。连续好几个星期，她不停地在脑海中重复那些负面评论。而不管有多少积极反馈，不管做出多好的成绩，对她来说似乎都无关紧要，她无法摆脱那种失败的感觉。

她努力设法继续向前，只是，每当跨过一道难关，一想到前面还有更多障碍在等着，她都会感到筋疲力尽。在这一切的重压下，她觉得她随时有可能因为无力而停下前进的脚步。

大家都认为她非常出色，但这种看法只会让一切变得更糟。早晚他们都会发现这背后的真相：她根本不配成功；他们一开始就不应该给她机会。

当你被这些恐惧所困扰，势必会把自己置于一种非常孤独的境地。你会超负荷工作，只关注自己的错误，害怕说错话走错路，时不时逃避一切。虽然伊芙的经历和你的某些感受非常相似，但我相信连你也能看出她对自己的看法并不完全正确。如若她真的不擅长自己的工作，那又怎么能做得如此好，受到大家的肯定，被表扬才干出色呢？人们真的只因为主观上喜欢某人，就会忽略其身上其他的一切吗？

伊芙的这种感受有个学名：冒名顶替综合征。它的麻烦之处在于，它会促使你得出一些不太合理的结论。我接下来要说的这些也许更让你难以置信，但请先听我说下去。

你很聪明，而且已经取得了成就（否则你有什么好怀疑的？）我猜你的成功都是有据可查、明摆在那儿的。你有各种资格证书，有份好工作，甚至还可能有几个学位。在承认自己是专家之前，冒名顶替综合征患者必须确保自己接受了全方位的培训！

也许你跟伊芙一样，虽然没上过大学，在工作上却如鱼得水。然而，在一个满是大学毕业生的环境中，你有点怀疑自己是如何做到的。与那些你认为更聪明，也更可能成功的人相比，也许你工作得比预期要好，升职的速度比想象中要快；也许别人也没想到你能把事情做好，而你自己也相信这一点。

按照大多数人的标准，你已经很成功，但你却并不这样认为，这就是问题所在。以任何人的标准来衡量，你所做的所达成的都没有问题，问题在于，你如何看待自己。

正如你在本书中所看到的，如何定义成功是问题的关键。每个人对成功的理解都是不同的。成功，并不一定意味着每件事都要做到最好；也并非一定是学历、地位、名望或财富。话说回来，即使这些东西对你来说很重要，但如果不能坦然接受任何成功，你对自己的看法也永远不会改变。

有时你心里有一点点觉得自己做得不错，你能看到，偶尔也能感觉到自己身上的闪光点。但这些时刻通常都不会持续太久，它们转瞬即逝，湮没在那个更大、更坚决、重复过千百次的声音里——你不过是个冒名顶替者。于是，你很难做到对自己产生不同的看法，进而与他人眼中的你相契合。

克服冒名顶替综合征

我们未曾谋面，为什么我对你却知之甚多呢？我之所以能了解到这么多，是因为这就是冒名顶替综合征的运作方式。它是一种很常见的感受，如果不加以控制，它就会渐渐腐蚀你的生活。我之所以知道，还因为它不仅仅影响你一个人，你并不是唯一一个觉得自己是骗子的人。事实上，如此多的人都有这种感觉，以至于心理学家为它定义了一个专有名词，并列举出了一系列症状。希望了解到这一点能够缓解你心头的压力。有一种说法是，给某样东西命名会减轻它的影响力。一旦了解到它是什么，就给了你选择的可能性，也让你能够更容易识别它。然后，你可以寻找方法来改变你原有的观念，即本书中我们要做的事情。

冒名顶替综合征对于受众并不挑剔，从大学生到公司的 CEO 都有可能受其影响。这些人都聪明、勤奋、口才好，富有创造力并非常成功，但他们却很难认可自己的成就。

在做临床心理医生时，我经常会接触到一些有冒名顶替综合征的患者——他们为人有趣，工作努力，而且通常都成就非凡。由于他们觉得自己是冒名顶替者，虽然人生中值得享受的一切都近在咫尺，可他们就是视而不见。这其中真正的问题往往是因为一种潜在的恐惧——觉得自己还不够好。我的工作是将我看到的那些优点与成功，展示在他们面前，帮助他们与新的观点相连接，建立对自己的信心和观念，从而使他们重新享受生活。

为了做到这一点，我们先一起确认冒名顶替综合征在生活中的运作机制，回顾一下它产生的原因，并对之前的个人观念重新评估。针对它，我们建立了一个反论证机制，并对能力这个词进行更现实的定义。我曾帮助很多人克服了它，因此我确定我也能帮到你。在此我会分享在心理治疗过程中使用的所有想法和策略，希望它们能够帮你继续前行，找回自信，重新认识自己。

其实冒名顶替综合征不仅仅在行医期间会见到，日常生活中在朋友和家人间它也很常见，甚至连我自己也曾经历过：在商讨这本书的出版事宜时，第一次会议进行得非常顺利，我跟出版商之间谈得非常投机。但刚一出会议室的门，我就转向简——我最出色的经纪人，说："知道吗，如果这本书能出版，那我需要一个真正高水平的编辑。我觉得我的文字水平有限。"

我相信在伊芙身上你能看到冒名顶替综合征的影响，而在周围其他人身上，你极有可能也看到过它的存在。事实上，当其他人向你倾诉有关他们的真相时，你会感到相当震惊，当它发生在你自己身上，你却不一定能察觉到。

在整本书中我都会穿插案例研究，比如伊芙的案例。当你以旁观者的角度来看这些案例，在自身情绪不受影响的前提下，会更容易看清冒名顶替综合征的运作方式。越能从别人身上发现这种综合征，就越能在自己身上发现它的踪迹。本书中列举的所有案例都基于对真实人物的采访，为保护受访人的隐私，名字和某些细节有所改动。

希望读这本书能帮你减少一些孤独感。如果有一整本书都在探讨这个话题，而在我的心理诊所中它也一次又一次地出现，那么你不可能是唯一受到它影响的人。当你认识到它其实很常见时，你会开始注意到（即使只是一瞬间）原来还有别的可能性。也许，只是也许，你对自己的看法是错的。毕竟不可能世上所有的人都是冒名顶替者，对吗？

你不是冒名顶替者

即使我从未见过你，也没有听过你的故事，但我仍可以十分自信地告诉你，你不是冒名顶替者，虽然我知道这并不会改变你的想法。如果仅凭我一句话就可以令你改变，那就不需要这本书了。

希望你能明白，你并没有什么问题，没有任何理由感到羞愧。一直以来，错误的观念让你备受煎熬，让你不能说出内心所想。现在，是时候正视并质疑这种恐惧，展现出它的本质———一种错误的观念。

如果你已经拿起或下载了这本书，就已经是往好的方面转变了。你不想继续这样的生活，感觉自己像是在虚度光阴，总是夹在被发现和被羞辱的恐惧之间。你想要做出改变。但同时我也明白，仅仅有改变的意愿还远远达不到真正解决问题的程度。如果改变如此简单的话，你早就不会被这种感觉困扰了。

如若你还不能完全跟上我的节奏，那不妨先换一个角度来想想。目前的思考方式对你来说是行不通的，你的这些想法将你束缚在一个小天地里。或许从某种程度上说它们是在保护你，但却让你远离真正的生活和其中的乐趣。

总是紧张不安、时常谴责自己，你真的能够继续这样过下去吗？它是否影响了你每次的晋升、工作变动或加薪？它是否也渗透到人际关系中，使你因为害怕被揭穿而无法展现真正的自我？

依据过往的经验，你心里清楚再多的培训或成功也不能令你改变这些想法。唯一能改变这一切的人就是你自己。

不妨试着将你的人生像录影带一样往前快进，想象一下不做出任何改变而到达的那个未来，难道就不会有任何遗憾吗？回看自己的人生时，知道自己努力试过了，这样不是更好吗？知道自己已经尽了最大的努力，难道不会更令人感到欣慰吗？你担心因此失去什么呢？如果不去尝试，那么什么都改变不了，而去尝试至少意味着给自己一个踏上不同人生的机会。这样做的难度可能令人望而生畏，但潜在的回报是巨大的。请让我为你提供这个机会。

以下是我们将要做的事情，以及它们能够为你带来的助益：

·大量的精神空间将得以释放，你不必再劳心费神地处理冒名顶替综合征带来的所有问题：被抽空的精神，所背负的重担，它所占用的心神和精力。

·我们将共同建立一份证据档案，用来证明你不是冒名顶替者。这份档案将基于事实而非思想和感情，因此你可以放心地抛掉那些拖你后腿的观念和方法。

·你要学会关爱／同情自己。自我批评和完美主义思想会导致压力、焦虑和抑郁，而关爱自己是打败它们的完美解毒剂。这样做会为你提供有力的精神支持，令你不再总是感到处于困境。

·你将能够接受犯错，并学会从容面对失败。当你将错误和失败看作正常，并把它们视为学习、成长和提高的机会时，你会发现自己再也不会总是纠结于失败。

·我会向你展示，不安全感和自信并非分开的，而是相互交织的。我们每个人都有不同程度的不安全感，并时不时缺乏信心。但这些脆弱的情感中也蕴藏着力量。你会发现没有人能做到一直镇定自若。

·你将重新开始享受生活。自我怀疑、过度工作和拖延症将成为遥远的记忆。你的焦虑会明显减少，将拥有更密切的关系，也更能够面对挑战。它将帮助你敞开心扉，让你敢于冒险，有信心尝试新事物。

·除此之外，你还能够看到自己真正的能力；并能坚定你心中那个微弱的、认为自己很棒的想法。你将有机会发现全新的你，全新的世界；有机会拥抱并追求生活中的美好。

我知道你在想什么："但我的确就是个冒名顶替者呀！"此刻让你想象一个不同的现实也许还不太可能，因此当下我对你的所有要求，就是要乐于改变。这可能不太容易，但仅仅是要做出改变的想法就会带来巨大的不同。你会看到另一种选择，而这种选择会带来希望、动力和可能性。

我希望你能像别人看你一样看待自己。但最终任何人对你的看法都不重要，重要的是你如何看待自己，而这正是我决心要改变的。我希望可以帮你更相信自己，更认可自己的能力。

要做到这一点，首先你得相信我，给我一个说服你的机会。我所谈及的想法和技巧都是基于 14 年的临床心理治疗经验、我接受的专业培训和有据可查的专项研究。可能很久以来你都是这样看自己的，但这并不意味着你的看法就是正确的。在读这本书的时候，请牢记书中列出的方法，并尝试它们是否适用于你的情况。尝试这些策略技巧，让自己从不同的角度思考和看问题。我保证你不会后悔的。

如何充分利用这本书

这本书将加深你对冒名顶替综合征的认识和理解，帮你了解它的运作机制和原理，这样你就能够破除旧模式并摆脱它的束缚。本书还将教你克服它的技巧，增强你的信心，向你展示如何冒险，坦然接受错误和失败（我知道你还不能相信这一点）。最重要的是，本书将帮助你重塑一个更坚定、准确的自我形象，让你更好地了解自己，学会接受他人的肯定，建立起更密切的人际关系，直至最后，你开始变得自信。

我们的目的是帮助你从不同的角度看待自己，并形成新的观念。你可以想象自己是在一座山上，从过去到现在，你一直都只站在半山腰，以为自己看到的是生活的全部画面。而我想带你爬到一个更高更有利的地点。在那里，你的视野会更开阔，可以看到更加真实的世界。

要达到这个目的，你需要做的不仅仅是阅读这本书，还需要将这些方法运用到生活中，并尝试所有的策略（没错，所有的策略）。这有点像学习驾驶的过程：通过驾驶理论考试固然很重要，但那并不能教会你如何开车。心理学也是一样的。克服冒名顶替综合征的理论真的很有帮助（也很有意思），也为你更好地理解自己迈出了第一步，但是想要自己有真正的改变还要依赖理论和策略的实践。

冒名顶替综合征的神奇功效：
- 它促使我更加努力。
- 它令我谦逊。
- 它说明我追求的是高标准。
- 它能够激励我。
- 它提醒我，不能骄傲要谦虚。
- 它让我自律。

经常有人试图说服我，说冒名顶替综合征并不都是坏处，它也有它的优点。他们觉得它的好处在于，那种认为自己是冒名顶替者的感觉能够确保他们不会变得傲慢。他们还认为，如果总是把自己看低，就会激励你进步——使你更加努力工作，追求更高的目标，把事情做得更好。它会让你保持警觉，防止你骄傲自满；而如果出了什么错，它还能够保护你。你可能觉得这就是真正的你，并对这样的自己坚信不疑。既然一直以来你一直都持这样的想法，那它一定还是管用的；而尝试别的方法会有风险。

因此在开始之前，我想先清楚地说明，冒名顶替综合征是没有好处的！冒名顶替综合征并不会帮助你，而是会阻碍你。它会让你更加焦虑，让你不能接受自己的成功，还会让你难以享受喜爱的事物。本书中将列举它强迫你们做出的牺牲，以及它是如何限制你，让你无法发挥自己的潜能。

当然，谁也不愿做个自大或缺乏洞察力的人，而克服冒名顶替综合征并不会导致你成为那样的人。当下的你并不是谦虚，而是自暴自弃。认可自己的技能、知识和经验并不等于傲慢。

冒名顶替综合征并非你努力工作的动力，也并非你取得成功的原因，你自己才是这一切的关键。你就是这样的人——工作勤奋、责任心强。如果不是冒名顶替综合征带来焦虑，让你付出健康和幸福的代价，你难道不是能更大胆地追求梦想、迎接挑战，谦逊而又无畏？你难道不想摆脱掉这种恐惧，享受成功，做你想做的事情？很快，你就可以看到没有它的生活是多么美好。

成功的三个关键步骤：

第一步：希望改变

第二步：了解理论

第三步：尝试策略

想要达到目标，仅有好的逻辑是不够的，你必须遵循以上三个步骤才可能成功。首先，你要有改变的意愿；其次，认真听取新的论据；最后，对新方法进行实际检验。最重要的是——对某些人来说也是最难的——你得抛弃那种自己必须事事正确的思路。

我知道换一种角度来思考很难，但请按我的建议去做。事实胜于雄辩，你需要的是确凿的证据。别人已经一次又一次告诉你你不是个冒名顶替者，然而到目前为止，那没能起到任何作用。

即使本书中的某些策略你不喜欢，也请逐一尝试。这是因为，在心理治疗过程中，我发现对具体的个人来说，最合适的策略往往非常意外。这有点像买新衣服：你会浏览并挑选出自己喜欢的衣服，但在试穿之前，你并不知道它们上身效果如何，你是不是喜欢。只有当你穿上它们时，你才能知道哪件衣服最适合你。

还是如同选衣服一样，这世间并没有适合所有人的"万能法则"，你得找出那个最适合你的。不同的方法适用于不同的人，将所有的策略都尝试一遍，最终你会找到最适合你的那些。你尝试的越多，给自己的机会就越多，也越能积攒更多的论据来对抗冒名顶替者思维。

与他人进行讨论也很重要，你要积极地针对这个话题展开对话。你会（愉快地）发现并惊讶于竟然有很多人都跟你有类似的感觉。在日常生活中对它进行关注，并寻找其他有类似经历的人，无论他们是知名人士还是朋友、同事、家人或是点头之交。花一分钟的时间在搜索引擎中、社交网站上输入冒名顶替综合征，你会发现数以千计有关它的帖子。论坛的留言板、新闻文章、个人经历分享中都有它的身影——讨论这个话题的并非只有我一个。

最后，读完一章或尝试过一个策略之后，花点时间反思一下。反思有助于我们完善自己的想法，评估自己的能力，设定现实的目标，有助于我们追踪自己的进展，建立成功的信心。当对所做的事情进行反思时，我们会从过往的经历中学到更多。

为了能从所尝试的策略中获得最大的收益，开始做笔记吧。读这本书的同时，买个笔记本。把事情记录下来可以让你更好地反思。记笔记是非常好的激励方式，可以回过头来看看你是怎么做的。我喜欢用笔记本记笔记，它能给人一种特殊的感受。当然如果你喜欢用手机，也可以在手机里的笔记区写，哪种方式方便、更能让你坚持，就用哪种。做笔记能够让你信守所要做的事，并牢记战略和方法。

做笔记会让你获得看待问题的新角度，并以另一种方式来审视自己以及所取得的成就。假如你早已接受了这个理论，也就不再需要这本书了，因为你已经知道了一些可做论据的事实，但却选择忽略它们。你很成功的证据无所不在，你也应该把它们看在眼里了。

虽然还不能确定我的方法是否可行，但可以肯定的是，你目前的方法是行不通的。想想你为保守这个秘密而投入的时间和精力。尝试一下新的观点和方法，给自己一个新的机会，你理应重新享受生活的美好。只要你肯读这本书并实践书中所讲的方法，我深信你可以改变。

一开始，你可能会觉得不自在，但请不要担心，成长从来都不是简单自在的。我只是试图让你离开舒适圈，进入未知的领域。你会学到新的技能，它们会让你精力充沛。这就像学习一门新的语言：起初，那些词语听起来会奇怪又烦琐，但经过定期的学习和艰苦的训练，你会慢慢开始提高，不再感到羞于表达。

在参与患者的心理治疗时，我发现只要有改变的意愿和动力，他们的观点就会发生变化，并且能很快以不同的角度思考问题。然而，从情感上他们可能仍需要更长的时间来接受这种理性改变。"我知道应该怎样想，但我还没能感觉到自己真的是那样的人。"别着急，给自己点时间，你对自己的固有看法已经存在了很多年，它不会一夜之间改变。你需要给予自己的情感一些时间，让它来跟上你新的思维方式。

对这个过程要拥有信心，并坚信有另一种观点和选择的存在。我向你保证这是值得的。也许说来很难相信，但你离你想要的生活并不遥远。

在继续阅读本书之前，请花一点时间思考一下你想做出改变的原因。你想从这本书学到什么？你想改变什么？读完这本书你希望得到什么样的好处？把你的承诺写在笔记本的第一页或手机笔记上。

承诺书

我 (你的名字)——————，承诺要读完这本书并尝试书中提到的所有方法。

我要给自己一个机会。我会跟他人讨论冒名顶替综合征，并将书中方法学以致用。

对于本书，我的三大希望是：

1. —————————————————————

2. —————————————————————

3. —————————————————————

签名：

目录

PART 2　自认冒名顶替者的你

PART 3　　**永别吧，冒名顶替综合征**

PART 1

了解冒名顶替综合征

第一章　什么是冒名顶替综合征

> 对冒名顶替综合征了解得越多，战胜它的机会就越大。所谓知己知彼，百战不殆。

首先，你愿意尝试了解这个话题，我感到非常高兴，我保证你会觉得受益匪浅。在讨论冒名顶替综合征出现的原因和症状之前，我会先介绍一些相关的背景知识，以及它的科学原理。对这种综合征了解得越多，战胜它的机会就越大。所谓知己知彼，百战不殆。

1978 年，两位临床心理学家——宝琳·克兰斯博士和苏珊娜·艾姆斯博士首次提出了冒名顶替综合征的概念。她们注意到，她们的女学生对自身能力充满怀疑，并担心自己将来不会取得成功。

其中一位女学生说："在参加博士综合考试时，我确信自己会被发现是个冒名顶替者。我觉得那肯定是我人生最后一场考试了。这种想法在某种程度上甚至让我感到有些宽慰，因为之前的伪装终于要被揭开了。而最终评委会主席告诉我，我的答辩非常好，我的论文是他整个职业生涯中最好的论文之一，我对此感到非常震惊。"

在一同采访了 150 名成就非凡的女性（包括学生和专业人员）后，克兰斯与艾姆斯发现，尽管这些女性获得了很高的学历、学术荣誉，在标准化考试中取得优异的成绩，屡获同事赞扬和权威人士的专业认可，她们内心却并没有感受到成功的喜悦。相反，她们认为自己是"冒名顶替者"。

作为研究的结果，她们提出了一个定义"冒名顶替者现象"，即人们认为自己获得的成功名不副实，并坚信自己缺乏智慧、技术或能力。她们将这种现象描述为"深信自己的成功是才智假象"。这些女性取得了成功，却不能坦然接受，因为她们害怕自己的成功是源于判定的失误或仅仅是运气好。结果就是，尽管成功已是不争的事实，她们仍然强烈地感觉到，自己根本不配获得所取得的成就，并生怕一切都会崩塌消失。

冒名顶替综合征并非严格意义上的综合征，因为这种认为自己是冒名顶替者的想法和感觉，只会在某些特定情况下出现，而不是始终存在。

它会影响哪些人？

冒名顶替综合征最初被认为只出现在一小部分卓有成就的女性身上，但如今心理学家认识到它的影响范围要广泛得多。它尤其会影响到一些聪明的成功人士或莫名感到缺乏安全感的人，特别是那些内心很难接受自己的成就或认可自己优点的人。这种综合征深刻影响着他们日常生活的诸多方面——工作、社会关系、友谊，以及他们作为父母的信心。尽管如此，别人却往往看不到他们的挣扎。

大约有 70% 的人都会出现某种程度的冒名顶替综合征，而几乎每个人都可能会与之相关。它会危害各行各业，并不受性别和文化限制；它的影响遍及各类学者——在读生、毕业生、博士生，甚至是教授。在任何工作环境中，冒名顶替综合征都很常见，尤其是在充满高度竞争、一切以业绩为标准的商业文化中。它可能会出现在个体经营者身上，特别是那些以项目为基础开展工作并必须积极"胜出"的人。它会潜移默化到人们生活的各个方面，影响人际关系。它可能会让你在朋友面前自惭形秽，让你怀疑他们为什么愿意和你在一起；如果你是一名丈夫，它可能会让你觉得妻子嫁给你是个错误；又或者你是一名身兼工作的母亲，因为没能参加孩子们所有的学校活动，就感到自己异常失败。

我认为这些现象其实是一种问题，而问题的根源就在于自我感觉不够良好。你的大脑并不会自觉认识到这一点并努力克服它，而是定义为你是个冒名顶替者。冒名顶替综合征所设下的心理陷阱还让我们无法改变这种观念。

不同程度的冒名顶替综合征

冒名顶替综合征是一个连续的过程，从偶尔担心不能胜任某项任务到完全害怕被"揭穿发现"。它会导致长期的自我怀疑、恐惧和羞耻，使人很难快乐生活、享受当下。努力背负自认名不副实的名声让你感到压力巨大，而将这种"表演"继续下去会令你感到精疲力竭。它还会影响到你的身体，例如导致肾上腺素水平升高，心率加速，带来莫名其妙的恐惧或惊慌。这些想法和感受会加深问题的严重性，令你更加自卑，并进一步影响到你的思想和行为。

这种综合征在人生的各个阶段都有可能产生影响，其严重程度会因经历的不同而增加或消减。它可能只出现在你生活中的某个领域，或者某种特定的情况中。它可能是只有在你接触新事物时才会冒出来的想法，也可能表现为一种突然的担忧，在最关键的时刻将你压垮。也许某种东西一直在推动你追求完美，而你已经努力了太久，以至于忘记了是什么在推动你。又或者，你的脑海中总有个令人苦恼的疑问挥之不去，它让你不自信，做事拖延，无法充分发挥自己的潜能。有些人，比如詹姆斯，会一直受其影响，而这导致他的生活深受其害。

每当走进自家那栋房子的大门，詹姆斯都感觉自己不是这家的主人，而是个闯入者。他感觉随时会有人来敲开门，对他说这房子不是他的，他不该住在里面，也不配拥有现在的生活。

45 岁的詹姆斯是名成功的商人，他曾协同创办了两家发展势头迅猛的科技公司，有个温柔体贴的妻子和两个很棒的小孩。他似乎已经拥有了一切。在朋友和同事眼中，詹姆斯是名副其实的成功人士，是大家心中的榜样。然而詹姆斯却觉得自己的生活是场骗局，能走到现在的位置靠的全是运气，总有一天有关他的真相都会被揭穿，他的职业生涯也会因此结束。

詹姆斯总是感到惶恐不安：害怕被揭穿，害怕会令自己和家人失望。这种惶恐贯穿在工作日的每一刻。他处在一种持续焦虑的状态中，几乎感受不到工作的乐趣。尽管经常受到别人称赞，他也很难享受自己的成功。做事情时，他总是先看到不利因素而忽略有利因素，对自己负责的项目吹毛求疵。他总是很羡慕其他同行和同事，不明白生活为什么对他们来说都如此容易，而对他却如此艰难。

他的事业经常面临危机。有一次，他推掉了一宗可以做得很好的大生意，而以较低的价位接下了一单较小的生意。他觉得自己不够优秀，确切地说非常失败，被踢出局是早晚的事。他还提出过辞职。他跟老板说认为自己能力不够，无法跟上公司发展的要求，老板听后非常震惊——他明明是位很有价值的员工，为公司做出了巨大贡献。老板努力说服他留下，并立即雇了名助理来分担他的工作。他对詹姆斯的珍视可见一斑。

詹姆斯还经常酗酒。他用酒精来麻痹焦虑的神经，好让他忘记那动荡的童年，逃避生活中的起起落落。酗酒让他的问题进一步加重。早上起来时的头昏脑涨，让他觉得自己不仅在工作上是个骗子，在家里也同样。他认为自己不是个好丈夫、好父亲，他本应该更耐心随和，更关爱家人。

随着年龄的增长，詹姆斯觉得越来越难以摆脱这种感受。如今他肩上有更多的责任——需要照顾的家庭，倚赖他的决定维持生计的员工。在他年轻时，尽管也会焦虑和不安，他还是能够不顾一切地坚持下去；而现在他觉得自己已经处于崩溃的边缘，只有妻子的爱和支持能让他勉强支撑下去。他有时总想要逃离，远离尘世，让自己陷入一片虚无空白之中。而最可悲的是，谁也不知道詹姆斯的这些想法。他疏远那些关心他的人，拒绝他们的帮助。假如他能够敞开心扉，就能享受更充实、快乐的生活，然而他并不明白这一点。

当你像詹姆斯那样，处于冒名顶替综合征的极端末期时，它会对你的生活产生难以估量的负面影响。如果你忽视它，那它会造成破坏性的影响。冒名顶替综合征让人们怀疑自我，越成功反而感觉越糟糕。他们无法全然接受自己的成就和优秀品质，拒绝承认自己努力赢来的美好。他们无法更新自己一直以来的观念，也无法建立自我价值感，从内心客观衡量自己的成就。对很多感受到冒名顶替综合征的人来说，这种影响并没有那么极端。

无论你的自信总是被冒名顶替综合征频繁打击，就像詹姆斯一样，还是受它的影响微乎其微，它都是一个不容忽视的问题。

冒名顶替综合征的负面影响

大量的研究已经表明冒名顶替综合征的危害多多。除了日常的焦虑和痛苦之外，它对你的行为、身体和情绪都有一系列的负面影响。例如，在早上醒来时你会感到紧张，而这又很有可能促使你产生一些焦虑的想法。然后你会感到这种紧张感开始带来身体上的不适，表现为心率加快或是胃部痉挛。身体上的不适会令你更难集中精力工作，你只能不停往后拖延。但思想、感觉和行为之间是一种循环性的关联反应关系，它们之间互相影响。在阅读下一节时，请思考哪些症状和影响符合你的情况。这些将是做出改变的良好动力！

你会发现冒名顶替综合征和自卑之间存在某种必然的联系。如果你坚信自己存在某些缺点，那你很可能会低估自己的成就。你的不自信会让你改变既定目标和抱负，让自己过于追求完美而又害怕失败。因此，你很难在内心建立起对成就的衡量标准。这种低估自己的观念也会在日常生活中滋生。因为不够自信，你会担心自己的能力，而这会阻挠你取得成功。如果计划的事情没有达成，这似乎证明了你最初对自己的看法，从而使你的信心进一步下降。

过度工作、逃避、自责、自我怀疑是一种有毒的组合，它会让人感到羞愧和自卑。缺乏自信会产生自我怀疑，也会让人封闭自我、拒绝沟通，让你很难接受不同的观点。持续的压力意味着在肾上腺素的作用下，你会一直处于紧张状态，感到疲劳、紧张和倦怠。而这些问题还会造成身体的不适，如偏头痛、背部疼痛和免疫力失调。这种综合征会导致抑郁和焦虑，让你的身体和精神都疲惫不堪。

冒名顶替综合征会长期影响职业生涯，令人难以适应工作需求。由于害怕失败，人们可能会中途辍学，放弃梦想，拒绝升迁；或者像詹姆斯一样，申请低于自身实际能力的工作。认为自己是冒名顶替者的人，并不明白失败是生活的一部分。

这种毒害身心的连锁反应造成的结果是：人们往往对自己的工作或事业不满意，感到自己陷入困局；并且更倾向于保持自己目前的地位，而不是继续接受新的挑战，因为如果那样就可能暴露出他们的欺骗行为。

虽然并非所有，但大多数冒名顶替综合征患者都更倾向于取悦他人，他们不断努力调整自己，把别人而非自己的需求放在首位。如果你连自己都不喜欢，那么也很难和别人真正亲近。努力满足他人的需求和感受，意味着你已经没剩什么可留给自己；你不想与人沟通交流，觉得没有人真正了解你。这种自我封闭的心态，让你不能与所爱之人建立亲密的关系。

而相反的情况也可能出现：你总是想控制别人。不信任自己，而凡事又设定过高的标准，会让你很难相信他人。你会盯紧每个人，如果他们不按照你的方式做事，你就会对他们百般挑剔。这种任何事都不能放手的微观管理方式，让你无暇完成自己工作的同时，又揽下了别人的工作。这也大大降低别人对你的好感度，也不利于培养出优秀的团队。

在冒名顶替综合征的影响下，许多人终其一生都认为自己不够好。它处处为你设限，让你不敢尝试新鲜事物，获得更多的生活体验；它会令你更难实现自己的目标，也无法做到从错误中吸取教训，从而成长和进步。因此，你很少能体会到工作的乐趣，无法认可自己的成功；学习和成长这样的词难以调动你的积极性。你还会失去了解真正自我的机会，对于所做的事情无法建立成败衡量标准，而这让你无法体验认可自己后的那份淡定与从容。

冒名顶替综合征是如何产生的

当你取得任何成就或接下需要审核的任务时，就可能会触发冒名顶替综合征；它还可能起源于你对自己的知识或能力缺乏信心，尤其当你处在竞争环境中或身上的责任加重时。

在经历一些过渡或变化时期时或是面临新挑战时，例如接受新的工作、项目或更高的教育，这种情况往往就会加剧。因为这些通常会将你推出已经习惯的圈子而进入新的领域，令你受到更多的关注。你有新的代码要学习，新的角色要扮演，新的生活方式要适应，另外还有很多你不知道的事情：从如何说、怎样做，到洗手间和咖啡机在哪里。这些阶段往往会涉及更多的审核考查和更繁重的工作量。然而并非只有面临变化和挑战的时候才会产生冒名顶替综合征，如果不能改变对自己的看法，肯定自己的能力，认同自己的成就，那么即使很长时间只做同一份工作，你也仍然会受到这种综合征的影响。

在感觉自己不属于某个核心群体时，通常也会引发这种综合征。例如，如果你是处于某男性主导行业的少数女性，或者你的种族或性取向与主导群体不同，尽管有足够的资历和成就，你也仍然会觉得自己不够格，是个假把式。你会觉得自己需要做的还有很多，而这势必带来更高的期望值。你不仅代表你自己，还代表一个社会群体，你不能接受人们对你所属的群体有负面评价，因而心理压力会更大。这还会让你产生这样的想法：你能够取得目前的成就，是源于人们对你所属的群体给予了正面差别待遇，因此，你会认为自己的成功名不副实。

传统的性别标准观念也会触发这种综合征。虽然较以前有所改变，但在一些高级管理领域，女性仍然比男性少得多。还在不久之前，女性的主要生活目标仍然只是结婚生子。即使现在，女性如果事业成功，有时也被视为是以牺牲家庭为代价的，而男性则无须背负这样的舆论。因性别不同而对成功施以双重标准，这令人们更难对自己的成功产生认同。这些性别标准也对男性寄予了更高的期望。社会看重那些具有高水平能力的男性，而因此所带来的压力会让人怀疑自己能否达到预期，做到足够符合标准。

冒名顶替综合征的心理陷阱

冒名顶替综合征通常发生在两种观点不一致时，即你自己的观点，和你认为别人对你的期望不一致；或者，你认为自己设定的标准和实际达成的效果不一致。你总是觉得自己不够优秀，而这与别人眼中的你并不相匹配，这时你会得出结论：他们是在夸大你的能力，你根本是个名不副实的骗子。

这个想法的产生，很大一部分原因在于你为自己设定的高标准，以及你用来激励自己的那些负面看法。你期望事事都为人先，不管是事业、家庭还是人际关系都力求做到十全十美。

实现目标所带来的压力通常会导致以下两种情况：要么你过度工作、力争上游，以达到那些崇高的标准；要么相反，你磨蹭、拖延，在自我怀疑中麻痹自己。之后随即而来的往往是一阵狂热的工作，因为交付期限就要到了。你会做任何事情来避开那些不适的感受。

尽管对自己的消极评价往往会带来成功，但工作狂人们并不会因此就开心庆贺，他们将成就看作是超水平发挥的结果，而实际上他们的工作量和付出比任何人都要大得多。拖延症患者把成功看作是运气使然，因为他们知道自己只是临时抱佛脚，最后时刻努力了一下而已。

根据你自己的解释，那么你所做出的那些反应是可以理解的。如果你真是个骗子，那么的确可能需要做这些来确保不被揭穿。你做这一切的目的，就是防止他人发现"真相"。短期内，这些应对策略或许会让你感觉更好、更安全，让你不会被揭穿——我对此仍持怀疑态度。假如你对自己的看法是错的，你也根本不是个冒名顶替者，那么你的这些行为本身就是问题的一部分。

能力类型与冒名顶替者综合征

细想一下这个循环，很明显你对能力的定义会影响到自己的期望值。对于自己应该做到什么程度，你心里有个标准，而这个标准通常高到离谱并难以一直维持。如果实际的成功与理想中的标准出现差异，那么你就会忽略掉别人给予的肯定，而这又进一步增强了你的欺诈感。

瓦莱丽·杨博士是研究冒名顶替综合征的专家，也是《成功女性内心的秘密：为什么有能力的人会患上冒名顶替综合征，如何克服它重拾生命活力》一书的作者。她发现对于失败所带来的羞耻感，冒名顶替综合征患者的感受方式也不尽相同，因为他们并非以相同的方式定义自己的能力。根据冒名顶替综合征患者通常所遵循的内心规则，她发现有五种能力类型，即完美主义者、天才、独奏者、专家和超人。

通读这五个部分，看看你属于哪一个，你可能会发现你属于不止一个类别。了解你属于哪一类会很有帮助。一旦你意识到这一点，它就会给你一个更好的机会去理解你所陷入的模式，然后你就可以做出一个有意识的选择去改变。

完美主义者

完美主义与冒名顶替综合征往往是同时发生的，也是最常见的症状类型。正如瓦莱丽·杨博士在书中所写到的，"完美主义者的关注点主要集中在做事的方式上，包括工作是如何进行的以及结果如何"。

完美主义者会为自己设定过高的标准，并认为他们的表现应该100%地符合标准。而即使是99%达到目标，他们也永远只会认为自己不够优秀。

完美主义者对自己想要的东西有非常具体的愿景和精确的计划。对于做事情的方法，他们认为只有正确与错误之分——没有回旋余地或出现第三种结果的可能。他们从不满足于任何事情，在他们眼中没有最好只有更好；对于自己的成就，他们也从不庆祝，而是把注意力集中在需要改善的地方。

完美主义者认为，是其他人让他们保持高标准，并且他们还会用这些标准来衡量自己的朋友、家人和同事。可悲的是，没有人能够达到他们的要求。于是完美主义者开始相信"要想把事情做对做好，就必须得自己做"，结果他们变得很难相信别人的能力，害怕"别人做不好"。另外，完美主义者还必须让自己掌控整个局面，否则他们就会觉得事情难以按既定标准完成。

如果你是一个完美主义者，当事情做得不够完美时（没有人能够做到），你就会焦虑、自我怀疑，因为自己未能实现理想中的标准而感到羞愧。这种对完美的追求和对失败的恐惧，会让你在一些微小的细节上犹豫不决，要么工作拖拉，要么工作过度。而这可能还会导致另外一种结果：假如你发现事情很困难或不能完美地完成，你就会很快放弃。当把完美作为一切的目标时，所有的部分似乎都不尽如人意，即使成功也不例外。

天才

瓦莱丽·杨博士定义的第二种能力类型是天才："天才们在意的是如何以及什么时候能够取得成就。"如同完美主义者一样，他们把自己的标准定得高到不能再高，但他们衡量自己并不是以这些不现实的高标准，而是以是否初次尝试就取得成功为准。杨博士发现，对于这个群体来说，"真正的能力意味着拥有天生就有的智力和能力"，后天的发展不能列入其中。假如第一次尝试未能取得满意的结果，掌握某项新技能时感到吃力，或者做某件事花费了太长时间（根据他们自己的标准），就会让他们感到羞耻，认为自己是个冒名顶替者。

因此，天才们努力让自己做到不费吹灰之力就能迅速掌握任何技能。他们认为，如果某件事做得比较吃力，那么一定是因为他们天生就不擅长做这个。能力，意味着能够快速、轻松地完成任务；学习新的东西也应该轻而易举。如若情况不是这样，那他们就认为自己根本不够好。他们通常过于乐观，认为自己能在有限时间内完成许多工作；而当工作进展不如预期中快时，他们就会对自己感到失望。

假如你是一名这样的天才，那么在学校你可能并不怎么用功读书；如果一次考不到班上的第一名，你也许试都不试就从此放弃了。因此，你几乎没有毅力——而这是一项必要的生活技能。当发现某个新任务很难完成时，你立刻就认为是自己能力有问题，而认识不到其实是自己没有花足够的时间。挫折会将你彻底击垮。为了避免失败，你拒绝冒险。

独奏者

独奏者把能力理解为能够独立完成某件事，并认为只有未经任何协助而取得的成就才算得上真正的成就。瓦莱丽·杨博士发现，"独奏者最关心的是谁完成了任务"。他们认为，成功意味着必须能够独立完成某件事情。独奏者通常拒绝他人的帮助，因为这样才能证明他们作为一个个体的价值。如果他们的确需要帮助，他们就会认为这是失败的标志，并因此而感到羞耻，觉得自己是冒名顶替者。

独奏者最看重的是独立完成，其他的一切包括自己的需要都不是他们关注的重点。即使项目进展得不顺利，大量的工作压得人喘不过气，他们也不愿意寻求帮助。当感觉吃力、无法取得进展时，他们就会犯拖延症，这样就能避开失败感。

假如你是个独奏者，那么你往往会认为解决所有问题、做好每件事情都应该靠你自己。与他人合作获得的项目、成功或方法并不算你自己的成就。寻求帮助是软弱的表现，你担心这会暴露出自己的无能。

专家

瓦莱丽·杨博士定义的第四种能力类型是专家。正如她所解释的，"专家是完美主义者的知识版本"。他们要求自己学富五车，认为真正的能力意味着完全了解一切。"他们关注的重点是你知道什么，以及知道或能做多少"。他们认为，真正的聪明，是在任何挑战开始之前就已经对它了如指掌。只有对某一主题有全面的了解，他们才会感到满意。

当专家发现不能回答出所有问题时，就会责怪自己无能，而不是认识到自己的差距并努力填补。他们深恐别人会认为自己缺乏经验或知识，于是不停地搜寻更多的知识信息，而这通常只是另一种形式的拖延症。

如果发现自己不符合招聘描述中的每一项要求，专家很可能就不会申请这项工作。他们会觉得自己以某种方式欺骗老板聘用了他们，并认为老板希望他们知道的比老板多。在开始一项工作或任务之前，他们常常犹豫不决，即使已经在目前的岗位上工作了很长时间，他们仍然觉得自己对工作了解得不够透彻。

假如你是一名专家，通常你会先取得专业学位——可能还不止一个。尽管已经完成了多种课程，你仍然觉得不够，因为总有一些事情是需要进一步了解的。这促使你尽可能多地去获取知识和技能，认为成功、有能力必定是以某种资质为衡量标准的（而不是实践见真知）。你不断搜寻新的知识信息，而这种做法有时会妨碍任务和项目的进展。

超人

超人比其他人更努力地工作。瓦莱丽·杨博士发现这种能力类型"是以他们能同时扮演、擅长多少角色来衡量能力的"——他们得同时兼任老板、同事、合作伙伴、父母、朋友、志愿者、主人。他们希望自己能够轻松、完美地完成任务。在自己设定的角色中如果有一个不称职,他们就会感到羞愧,因为他们认为自己应该能够胜任所有事情。

超人会在每个领域都为自己设置不切实际的高标准,他们是涡轮增压版的完美主义者,杨博士通过对能力的不同诠释来区分这两者:超人的关注点是"能够完美胜任多个角色,而完美主义者则主要关注工作、职业或学习"。

通常来说,超人在每个领域都很出色,因为他们非常努力地推动自己,努力做到对每个角色都游刃有余,而这可能会导致他们过度劳累。除了在工作中取得成功,他们还希望兼顾好家里的每件事。超人从不允许自己休息放松,他们沉迷于在工作中过关斩将而非工作本身。压力过大最终会让他们精疲力竭,从而影响身心健康以及与他人的关系。

如果你对自己成功的衡量不仅仅是事情做得有多好,并且还得是能同时处理好很多事情,那么你就是一个超人。你相信自己能胜任一切,即使已经感到非常吃力,你也没办法说"不"。你对自己的能力有着不太实际的看法;你一直处于忙碌状态,无法停下来休闲放松,也没有兴趣参加任何不能带来成就感的活动。

写在笔记上的问题:

·你认为自己是哪种冒名顶替综合征的能力类型?

·这对您的处事方式有什么影响?

·冒名顶替综合征对你的生活有哪些负面影响?

第二章　当自我怀疑降临

担心自己是冒名顶替者，并不代表你真的就是。感受并非事实。

感受当然非常重要，我完全相信它们。如果我不这样认为，那也不必做什么心理学家了！情绪会引导你的观念，让你赋予生命里各种事物以不同的意义。它们为我们提供信息，并将我们的内心世界呈现给他人。它们就像一个指示器，帮我们了解正在发生的事情，帮助我们处理信息，当我们感觉不那么好时，它们还会充当警告信号。内疚能让我们纠正错误，悲伤能够安抚失去的痛苦，而爱令我们与他人更亲密。生命中有两大命题——我们是谁、如何生存，情感是这其中重要的组成部分。但是，请一定注意这个但是，情感感受并不总是准确的，其中恐惧可能成为特别棘手的情绪。

不幸的是，冒名顶替综合征与恐惧情绪息息相关。害怕被揭穿，害怕失败，害怕不够优秀以及长期的自我怀疑。想要理解为什么恐惧会成为问题所在，我们首先得回到远古时代，看看我们的大脑是如何运作的，以及原始的恐惧反应功能。

人类大脑是数百万年进化的结果，而进化只有一个简单的目标——生存。为了生存，早期人类需要一个针对威胁的高度反应中枢，我们称之为"杏仁体"，现在它仍然是大脑的一个组成部分。

我们大脑的工作机制有点像计算机，它会不断地处理感官接收到的信息。当我们感到恐惧、焦虑或压力时，杏仁体就会自动触发，在身体中引发一种"战斗或逃跑"的反应。

在我们意识到发生什么之前，这种反应就已经在一瞬间完成了。从进化的角度来看，这个速度令它成为一个惊人的威胁探测器；但同时，极快的反应速度意味着它有时会不必要地被触发，就像一个过度敏感的防盗报警器那样。当潜在的危险威胁到生命时，保证安全总比事后抱歉要好。但现在我们既不需要狩猎，也不需要躲避其他动物的猎杀，于是大脑这个原始的部分有时会变得对我们不利。

随着不断的进化，我们开始跟动物区分开来，而逐渐具备自我意识。我们的大脑开始以新的方式思考并发展出新的能力，例如能够利用注意力和想象力来思考、计划、推理和反映，这让我们能够做一些非常棒的事情——建设城市、探索未知、发展科技，但同时也会给我们带来问题。

我们会担心未来、反省过去，将自己与他人做负面比较，或者感到自责。我们的杏仁体太原始了，以至于它无法区分真正的威胁（比如遇到老虎）和感受到的威胁（比如害怕你是冒名顶替者）。这意味着有时即使我们不需要，战斗或逃跑的反应还是会被激活，让我们保持高度警惕，而事实上，除了自己的想法，我们没有什么可对战或逃避的。

我们的大脑非常适合它原始的目的——在野外获得生存，它们不是为现代生活而设计的。基于它原始的组成设备，我们的大脑会一直误解来自 21 世纪的信号。

拥有如此敏感的威胁探测器，意味着大脑对恐惧的推理并不总是准确的。在让我们避开危险方面，它非常出色，例如，当一辆车飞快地向我们驶来，我们会迅速跑开让路。但如果我们的感觉不是基于准确的信息，或者并不存在真正的威胁，它就不见得能起到好作用了。

你可以想象自己要去电影院看一个恐怖片。你知道自己身在电影院很安全地观看电影，但屏幕上发生的一切仍然令你感到恐惧并产生应激反应。在这种情况下——不像冒名顶替综合征——你知道自己绝对没有危险，但仍能感受到应激反应。

冒名顶替综合征患者害怕被揭穿，这种感觉如此强烈，以至于他们不会质疑自己的恐惧。如果你所深信的是真的，那么确实应该感到害怕：被揭穿，辜负期望，随之而来的耻辱——这些都非常可怕。

但如果你错了呢？恐惧的反应是如此强烈，你是不可能将整件事看清楚的。你只听到一个声音警告你有危险，这个声音如此之大，你无暇顾及任何其他东西。再加上它对身体的刺激作用——心率和呼吸加快、紧张、身体发烫，这一切令你几乎不可能理性地看待正在发生的事情；你也不可能去查看所有的信息，或者仔细权衡后再做决定。

感受不代表事实

使情况更加混乱的是，情绪与我们的思想和行为有着内在的联系。感觉可以触发某些想法和反应，就像某些行为和想法可以触发感觉一样。它们之间都是相互作用的。感觉会塑造我们的想法，并使它们变得极具色彩化：焦虑可能会促使你害怕完不成任务，而认为自己没有能力完成任务又会导致你害怕焦虑。

恐惧会给我们所做的每件事都蒙上一层焦虑的阴影。我敢肯定你曾经有过这种经历：当感觉良好的时候，你会看到自己做得不错，但很快恐惧就随之而来，将积极的想法推翻。虽然事实并没有发生任何改变，但你的感觉已然不同。

人们的感觉与事实之间有一条微妙的界线。感觉有时会欺骗我们，让我们相信事情比实际情况更糟。但感觉只是拼图的一部分，你还得需要想法和经验来看到完整的画面。只有把所有这些因素放在一起，你才能清楚地看到真实的情况。

假如你有机会采访一场赛跑比赛。你能断言，最有信心获胜的人真的就能第一个跑过终点线吗？如果有参赛者看着你的眼睛，胸有成竹地说："我真的很有信心，我觉得我一定会赢。"你会毫不怀疑地支持他吗？

他们的自信的确很有说服力，但如果这种自信仅仅建立在一种感觉上，我就不会完全信任他们。就我个人而言，我需要了解更多的信息——他们为这次比赛有没有做充分的准备，最近的身体状态如何，平时的跑步成绩怎样，以及他们教练的想法。我想知道事实，想拿到更多的证据，不会仅仅因为某人觉得自己能赢就全然相信并支持他。

如果把自己的感受作为最准确的信息来源，就难免妄下结论。在冒名顶替综合征这件事上，你觉得自己是冒名顶替者，但其他人看到的你却不是。你有一长串的成就，但你却视而不见。你认为自己是冒名顶替者，但这只是基于你的感觉，你并不能呈现支持这种观点的证据——你并没有铸成大错或一败涂地。仅仅因为你担心自己是冒名顶替者，并不代表你真的就是。感受并非事实。你是需要照顾自己的感受，但不要把它们看得比其他信息都重要。情感固然重要，但理智也同样重要。

沉迷于某种感觉

我们可以把这个话题放入你的生活背景中进行讨论。回顾上一章，你会发现冒名顶替综合征往往是由成就或需审核的任务所触发的。面对困难或尝试新事物会将你推出原来的舒适区域。面对新的挑战时，焦虑会增加，于是自然会感到害怕。

我们都曾有过这种感受，这是一种正常的反应——你烦躁地发出"啊"的声音，鼻子皱起，牙关紧闭，胃也开始不舒服。导致这些出现的部分原因是一种内心的不确定性。我能做这个吗？我是这份工作的合适人选吗？这些问题令人感到害怕是可以理解的。

真正的问题在于：为什么有些人从中得出结论，认为自己是冒名顶替者；而另一些人也会体验到这种感受，却很少去想它呢？

答案可以追溯到你如何理解那种不适的感觉。体验到这种感觉时，冒名顶替综合征患者会把它理解为自己是个骗子，并错误地认为，如果他们足够优秀或者准备得足够充分，就不会有这种感觉，并且他们还认为，自信的人不会有这种感觉。

事实上，这种经历对每个人来说都是困难的。我们时不时都会有拿不准的感觉，但冒名顶替综合征会让你对这一点产生误解，让你认识不到它的出现其实很正常。由于这种综合征的影响，你不仅认为自己不够胜任某项工作，并且还认为自己是靠弄虚作假才取得现在的成就的，虽然你并没有证据来支持这种想法。波比就是这样。

波比简直不敢相信，她竟然与一家很大的出版社谈成了一直以来梦寐以求的出书计划。她一直在等待的机会终于来临了。然而，沉浸在喜悦中没多久，一种恐惧便开始爬上心头，令那短暂的幸福感荡然无存。她要怎样写这本书呢？她没有任何写作经验，出版商是怎么选上她的？她自顾自地想到，能拿到出版协议固然很好，但现在我必须得有东西可写啊。

她看了看市场上其他的书，文笔行云流水，内容引人入胜，她知道自己不可能写出这样的书。那要怎样使出版商相信她能做到呢？她感到神经突然绷紧，整个人进入一种高度警觉状态。她不是个真正的作家，只是刚刚有写点东西的想法，而现在她却必须得写出一本真正的书。这远远超出了她的能力。他们难道没有意识到她只是一个普通人？

所有的朋友都为她感到高兴，认为她棒极了，但这却让她感觉更糟。不管她如何努力向他们解释，整个事情都是时机好、运气好，他们就是不肯信。她努力解释自己有多焦虑时，他们都不相信，认为她是太过多虑了。他们如果能理解她内心的挣扎就好了，然而不管她如何努力，也始终无法让他们理解相信。最后她放弃了，不再试图说服他们。如果能重新来过，她可能会选择不跟任何人提起出书的事。那样的话，也许就不会有更多人目睹整件事的失败了，而失败是必然的。

于是波比开始努力写书，她内心的质疑声变得越来越小，但她仍然觉得人们会认为这本书糟糕透顶。不知怎么地，她终于赶上了截稿日期。把书寄给编辑后，她感到如释重负；但当印好的书送到她家门口时，她并没有感到特别高兴，而是感觉胸口压了块大石头。如果没人喜欢这本书呢？如果你只是把书写好了但却卖不出去，那整件事就没有什么意义了。新书发布前的准备阶段，她几乎每天失眠：她认为评论肯定会很糟，所有人都会看清她是个冒名顶替者。

慢慢地，书评纷至沓来，这本书得到了非常积极的市场反应。波比的经纪人打电话告诉她，出版商非常高兴，并问她是否愿意和他们计划洽谈第二本书。听到这个，她一下子变得紧张起来，整个人开始出汗。这本书只不过是个意外的收获。一想到还要再写一本书，将整个过程重新经历一遍，她就感到浑身难受，哪儿能每次都这么幸运呢？

除了波比，所有人都认为这本书写得非常好，也得到了相当好的市场反应。如果这只是个假象，那怎么可能骗过所有人？从一开始，波比就误解了自己的恐惧感，她的恐惧程度如此之高，以至于改变了她看待事物的方式。她无法理性地看待事情，而是预测结果会是场灾难。她内心里充满了消极的想法。每当达成一个新目标时——按时交稿、得到好评、被要求写第二本书，她都有机会改变自己的看法，但她会转移原有目标，拒绝做出想法的改变。结果，一切的成果对她来说都不重要，她还是感到很糟糕。开始写下一本书时，这个循环仍然在继续，相同的恐惧仍然笼罩着她。

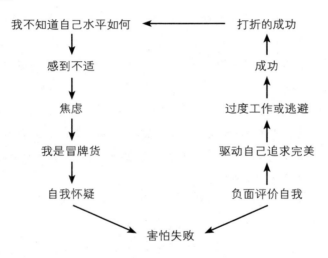

这就是冒名顶替综合征会如此难以改变的原因。你的结论是基于感受，而不是基于事实。这种感觉扭曲了你的想法，对于任何不符合这些观点的信息你都会选择忽视，却收集不可靠的证据来支持它。无论你完成了多少个项目，别人认为你有多能干，你都固执地认为自己不够优秀。

当然，这些恐惧也是有一定道理的。说出来，它们也都是可以理解的，因此很难判断出这是冒名顶替综合征的症状。而我则是从调查的角度来思考这个问题：如果对 100 个即将开始新工作的人进行采访调查，问他们有什么感受，我想98%的人会感到紧张。当你得到升职拥有了一个更大的团队，想要把工作做好，因此感到压力更大，这并不荒谬。但问题是你的反应不成比例——恐惧程度太高，因而无法反映真实情况。

对自身感受的这种解释会使得焦虑增加，并触发战斗或逃跑的反应，所以你的想法被蒙上了恐惧的色彩。而身体上的不适也似乎是在提示，一定有什么事情不对劲。这让你无论逻辑如何都只坚持自己的观念，你肯定自己就是无法胜任的，即使它不是基于任何事实。

令情况更为复杂的是，你只听到自己内心的声音，却忘了你不是唯一一个有这种感觉的人。由于听不到别人的内心独白，只是见别人表面上很好，你就错误地认为，他们一定事事都十拿九稳。而事实上，每个人都可能有跟你相似的恐惧和疑虑，只是他们也都在保守着这个秘密！

有没有另一种选择？

自信的人的确也会感到这种不适，并且也会经历同样的恐惧，但他们却得出了不同的结论，这让他们能够超越自己的感受。他们没有把这种不适解释为自己是冒名顶替者，而是选择了完全不同的思路。

他们可能认识到了，这种不适是由于面对新事物、走出舒适区而产生的一种恐惧心理。这种不适是由焦虑引起的，没有冒名顶替综合征的人认为它很正常，它只是表明他们对某些事不确定，或者有点担心自己做不好。但还是那句话，这是人性的一部分，这种感觉很正常。其次，他们还可能认识到焦虑并不都是坏的，并会利用它有利的一面：让你为改变做好准备，还会让你保持警醒。最后，他们还知道，即使一切都不顺利，至少也会从中吸取到教训和经验。

所有这些意味着他们的焦虑不会进一步增加，因此不会引发战斗或逃跑的反应。自信的人可以更清楚地思考下一步该做什么，以及如何才能更好地处理事情。他们可能会找个人谈论这种感受，或者更多地去了解自己应该做什么。这使得他们能够全面而客观地审视自己的经验和知识，相信自己有能力承担新的任务。他们可能还会记得，以前也有过同样的感受，但最后一切都好起来了。他们经历了跟你同样的感受，但对它的理解却大相径庭。

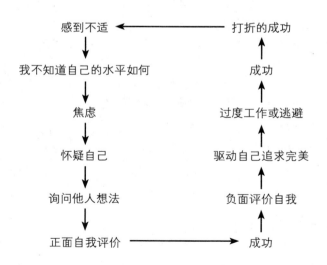

这一类人在某种程度上也会觉得自己是冒名顶替者，只是他

们认为这并不是什么大问题。他们明白，生活或恋爱中都会有些虚张声势的时刻，尤其是在新工作或挑战开始时。没有人能够做到，刚开始一份工作就对它了如指掌。在不同的社会关系中，你展现出的都是不同的自我，很少有人能够看到全方位的你。区别在于，自信的人愿意相信自己的直觉和学习能力。他们相信自己可以成长为理想中的人。

某种程度上我们都是冒名顶替者——每个人都多少跟它沾点边——但深信自己是冒名顶替者的人认为这是个大问题，而意识不到这只是对未知事物的正常反应。他们如此执着地认为自己是冒名顶替者，完全无法摒弃这份感受。而这会使他们对任何其他信息都视而不见，他们也因此无法认同自己的成就。这还会让他们忽略自己以往的所有经验，因此，不像那些自信的人，他们没有东西可以依靠和借鉴。于是下一次当他们又碰到类似的问题，情况也还是没能改变。此外，冒名顶替综合征患者内心的消极对话也只是不断地确认自己的想法，即"不能胜任这项任务"是对的。

所以问题的关键就在于我们对不适的反应！为了能够放下负担继续前行，你需要看到，问题并不是出在你这个人身上，而是出在你对这种不适感的理解上。自己究竟如何，不能仅以感觉作为基础或依据。你要认识到，这种情感不适是一种正常的反应，也是每个人都会经历的，并不能说明你是个冒名顶替者。

我知道你还没有意识到这一点，但现在我希望你能相信并往前跨出一步，来探索一下这个新的想法——是不是你误解了这种感觉？它其实只是一种每个人都会经历的正常感受。你的想法是不是错了，你根本不是冒名顶替者？或许你真的是名副其实，应当拥有这努力得来的一切呢？

同时我也希望你开始留意那种不适的感觉。当你意识到它的存在，并知道它是冒名顶替者循环的一部分时，它的影响力就会淡化。在本书后面的章节里，我会分享更多策略来帮你管理这种不适感，但现在仅仅认识到它的存在，就已经是非常好的开始。

写在笔记上的话：

· 感受并非事实。

· 情感上不适并不代表我不能去做某件事。

· 焦虑是正常反应。

第三章　为什么会找上我

> 回顾过去并不是要
> 责备任何人，而是要更
> 好地了解你自己。

我希望你能开始明白，你的感受并没有让你异于他人。我们偶尔都会缺乏安全感，缺乏信心。没有人能够做到通晓一切，感到不适并不意味着你不配得到成功，也不意味着你的能力、智慧和价值有所下降。

你认为自己不如别人有能力、有价值，这种想法从何而来？这种不够优秀的感觉是什么时候开始的？要回答这个问题，我们需要回顾一下你的历史，弄清你是如何得出这些结论的。这正是我在心理治疗中所运用的方法，以此对人们目前的情况做更全面的了解。我想了解的信息包括：你成长的情况，父母对你的期望，你的为人处世及个性。这些信息会提供一定的线索，说明一些特定的观念是如何形成的，以及人们为什么会这样想。

先天还是后天？

我们对世界的观点和印象，以及对自己和他人的看法，都是在童年时期形成的。家庭环境、家庭动态、父母培养我们的方式，结合每个人自己的个性和处事经验，形成了我们的观念体系，让我们了解到自己是谁。这意味着，在孩童时期学到的东西会影响你成年后看待和感受事物的方式，可以说这些童年的经历塑造了你的生活方式。

直到自己有了孩子，我才知道以前太低估了个性在人生发展过程中所起的作用。只要跟小孩待上一段时间，很快你就会发现，在与世界的互动中，个性特征起着很大的作用。许多心理学家和性格专家认为人的性格有五种基本维度（通常被称为"大五人格"），分别是：外向性、随和性、开放性、责任心和神经质。研究表明，如果你天生更容易焦虑和担心，并且有完美主义倾向（被归类为神经质），就更容易被冒名顶替综合征所困扰。

先天和后天并不是分开的，两者对彼此都有影响。你先天的性格类型与后天的经历相互作用，影响着周围世界对你的回应。如果你是一个容易相处的孩子，睡得好，又爱笑，那带你的时候父母会更放松，你也不易被新的情况所困扰。无论是换别人照顾你，还是被带到新的地方，来自世界的回应都是积极的：街上碰到的陌生人会对你微笑，你也更容易得到自己想要的东西。

如果你是个容易紧张的宝宝，睡觉少，爱哭闹，则会经历非常不同的回应。在与你的互动中，你的父母可能会更加紧张；你的世界相对会变得更小，因为很难带你去任何新的地方，陌生人一般都对你敬而远之。不同类型的小孩，接触到的世界和对外界的感觉大不相同。先天的个性用这种方式改变着你的世界，当然，后天的养育也会起到一定作用。

刚出生时，我们的大脑还没有完全发育成熟。我们来到这个世界，准备从周围环境中收集各种信息。孩子真的像个小海绵，他们会从周围的环境中吸收信息，了解正在发生的一切，即使你不想让他们这样做。我每天都会看到这样的事，会听到我的孩子重复我曾说过的话。例如我儿子会严厉地跟妹妹们说，她们弄出来的噪音让他头痛欲裂；而我女儿则跟我说那首歌她再也不想听了，因为它"让她发疯"。

我们的大脑是制造思想的机器。思想不断连接，形成我们对世界的看法。你看到一只鸟，别人就告诉你这是鸟；你看到一朵花，别人会告诉你这是红色的；通过不断的经历和重复，我们很快就知道鸟和红色是什么样子的。

当还是孩子的时候，我们的思想还没有成熟，所以认为自己的想法就是"真理"。我们倾向于全盘接受别人告诉我们的，并得出结论，世界就是这样的，却很少会去想其他人的信息未必准确。与长大后不同，小时候的我们对于别人灌输的观点很少有机会去验证，我们不能用电脑或其他方式研究某个想法，也想不到要去问其他人，更不会想到除了亲近的人所告诉我们的，世界上还可能有其他观点。

　　小时候所接收到的信息同样还教会了你如何看待自己和别人的期望，并以这些信息为基础建立起自己的个人观念体系。这些想法和意见信息都来自我们最亲近的人——父母、老师、兄弟姐妹和朋友。他们的言行举止以及与你、与他人的相处方式为你的观念、价值观和态度奠定了基础。而这其中，明显你父母的观点更加重要。你形成的这些观念，往往都是围绕着自我价值、成就、认同和被爱等这些关键方面。

　　生命早期的信息具有持久的影响，它们就如同嵌入水泥一样，牢固地嵌入我们的大脑，难以做出改变。正如学到什么是红色，鸟是什么样子的，我们也把对自己的看法在心里牢牢固化，而这些形成了我们的自我价值观，并影响到我们说话处事的方式。

　　孩童时期的信息传递主要是通过日常互动进行的。孩子们会接收到各种微妙或不那么微妙的信息，而这些信息会影响他们看待自己和周围世界的方式。

　　虽然我们通常都会相信自己的观念是正确的，但就像感觉一样，这些观念并不总是正确的。因为这一切都取决于你的经历，以及身边最亲近的人是如何影响你的。如果从小别人都在重复跟你说，你聪明、善良、能干，那么慢慢地你也就开始相信这些。但相反，如果你被贴上负面标签或者接收到令人困惑的信息，那么就可能会导致一些问题。在冒名顶替综合征这件事上，某些特定的人生经验会让你更易受到它的影响。

哪些人生经历会令其产生？

孩子们天生就想得到父母的认可，如果没有得到认可，就会感到羞愧和耻辱。如果得不到父母的支持或肯定，或者收到的是模棱两可的回应，孩子便很容易得出这样的结论：自己的成就并不重要，并不能打动别人，因此他们很可能会跟自己的父母一样，忽略这些成就。

你会接收到一些明确的信息，例如说你不够好，这些信息可能有多种形式："你真没用！""你总是这副德行！""你什么时候才能学会？"如果说这些话的是你父母，那会更加伤害到你。因为父母每天都会看到你，很了解你，他们对你的看法很重要。作为一个孩子，你不可能知道这只是你身边一两个人的观点，并且他们的观点也未必正确。相反的，你会把他们所说的话当作事实记在心里。

如果父母只在你做得好、与他们相处融洽的时候才表现出爱和兴趣，而如果你做得不好他们就不高兴、生气或兴趣索然，那么这种有条件的爱也会产生负面影响。父母对你学业的反应可能会成为一种好坏的指标，例如你把作业带回家，父母只看到那些需要改进的地方，而不是加以肯定和表扬；或者在他们眼里你所做的事情永远都不够好。

父母还可能对你所做的事表现得漠不关心，而实际上表扬或正面反馈的缺乏同负面反馈一样有问题。如果父母不关心你的表现，对你漠不关心，或者无论你做什么都只是程式化地说你聪明，这也会给孩子带来负面的影响。孩子并不傻，他们是否真正付出了努力，自己心里非常清楚。

如果你长大后继续取得成功，这种成功与你对自己的习惯看法相冲突，就会让你坚信别人对你的看法有误，你实际上是个冒名顶替者。

冒名顶替综合征最有力的前期因素之一是收到有关成就的矛盾信息。例如，成绩单或老师的评价证明你成绩很好，但你的父母却并不这样认为。可能你在历史考试中获得了全班最高分95分，但你父亲却问你为什么没有得100分。

随着外界对你的表现评价越来越不一致，来自父母的矛盾信息使得你很难从心里认同自己的成功。我曾有位名叫克莱米的客户，她非常聪明，但她母亲认为她的成就不值得夸奖，因为那些对她来说太容易了。她母亲只有在她做得异常出色时才会奖励一下她，并且从未说过为她感到骄傲这样的话。相反，她母亲会一直提醒说，对她来说把事情做好并不难，所以不应该为此感到多开心。但她的老师却对她的表现十分满意。而且克莱米无意中还听到她母亲向朋友吹嘘她是多么出色，简直是个天才。这两种不同的评价根本说不通。

也许你生活中发生的事情会有两个版本，而在你年少的时候，就已经有这种自己是骗子的感觉了。可能你的父母经历了一场艰难的离婚，让你的家庭生活陷入混乱；但在学校，没有人知道这些，你也继续表现出一切都很正常的样子。

标签和比较

我们所处的家庭倾向于给不同的成员贴上特殊的标签，比如谁"不爱收拾"、谁"聪明"、谁"不听话"。这些标签会把孩子的形象固定化，可能导致他们长大后就成为那样的人。如果你将某个孩子角色化，会影响到家里的其他孩子，他们会想："如果他很聪明，那我一定很笨。"父母还会将孩子与家庭中的其他成员（如聪明的兄弟姐妹）做比较。另外，相反的情况也可能发生：你成绩很好，但是你父母担心这会给其他兄弟姐妹造成压力，所以你的成功和成就从不会被肯定，更不用说庆祝了。

被贴上聪明的标签也会导致问题。如果孩子从小就被告知他们比别人更聪明，或者总是发现自己很容易就能做完功课和任务，那么当他们想要达成某个新目标或想成为某同龄精英群体的一员但却感觉到吃力时，就可能会引发冒名顶替综合征。许多认为自己是冒名顶替者的孩子，私下里都认为自己有必要比同龄人做得更好。在学校里，他们常常是班上的佼佼者。但到了大学或公司等更大的环境中，他们才突然意识到这世界上有很多非常优秀的人，自己的才能并不像曾经以为的那样特殊。看到自己不再是最优秀的，这会让他们忽略自己的才能，认为自己缺乏能力。

微妙的信息

即使出发点再好，父母也可能无意中给孩子树立起一种不切实际的理念——"你要尽力而为"。这句话，可能会被理解成"一定要做到最完美"。或者，如果父母只褒奖你的用功和努力，那么对于容易得来的成功，你可能就会觉得自己配不上。

有时别人随口说的一句话也会产生持久的影响。"虽然不是最聪明的，但你非常努力。"这样的话可能会让你觉得自己永远不能百分百合乎要求。其他人的反应也会产生影响，比如说，如果你的成功令最好的朋友感到恼火，他们可能会冷落你。那你就有可能得出这样的结论：不应该为自己的成功感到高兴，以免令他人感到不快。

如果一个家庭特别推崇谦虚，就像德克斯特家那样，也会产生一定的影响。

德克斯特从小就在长笛演奏上有着过人的天赋，不仅如此，他还非常努力刻苦，为了演奏，他总是坚定不移地全身心投入训练。尽管演出之前会感到紧张，但每次他还是做到了从容以对，并屡次在比赛中获胜。对于他取得的成绩，他的父母很满意，但从不因此庆贺或表扬他，甚至很少谈论提起。而他朋友们的父母则总是乐于庆贺自己孩子的成就。

每当听到其他父母夸耀自己的小孩，德克斯特的父亲总是不悦地皱起眉头。对这样的行为，他经常给予负面评价，并觉得那些父母是在自吹自擂："听见珍妮没完没了地说她孩子有多棒了吗？"听到这些，德克斯特意识到，谈论自己的成就不是件好事，于是他很少拿出来说。

德克斯特仍然表现得非常出色，但胜利显得越来越平淡无奇。慢慢地，他把自己的成功看作是正常的，而不是值得骄傲的事情。成功的衡量标准在他这里被扭曲了。没人觉得他的成就有什么特别，久而久之他也就这样认为。

成年后他为自己设立了比其他人高出许多的目标。他期望能够在生活的方方面面都做到十全十美，却很少意识到自己已经非常出色了。他从不谈论自己的成功，很少为拿到的成就感到高兴，也不给自己任何机会去享受成功的喜悦。

回顾过去并不是要责备任何人，而是要更好地了解自己。你不妨试问一下，自己长久以来的观念是不是真的正确，它们是帮助了你还是阻碍了你？关于自己，我们所相信的——除了那些更明显的负面信息——并不是任何人的错。在许多（尽管不是所有）情况下，父母都在基于自己的人生经验，做他们认为对你来说正确的事。德克斯特的父母也可能从小就被灌输谦虚的重要性，他们也是继承了自己父母的观念。

如果在童年时期，你没有学到某些技能或没有健康的行为路线做指引，成长过程便会出现某些盲点，而你无意间又会把这些盲点继续传递给下一代。父母也是人，他们对这种错误也并不免疫。理解到这一点，也能让你跟他们的观念保持距离，并认识到这种固有看法也许是不正确的。

一旦意识到可以持有不同的观点，你就能够质疑原有的观念，并判定它们现在是否仍然适合你。我将在这本书中通过讲述不同的策略来做到这一点，但现在请先简单地回顾一下在本章读到的内容。

请思考以下问题：

·童年时期，有关你的智力、能力、重要性或价值观，你曾接收到哪些信息？

·在你的童年时期，有没有什么重大事件或经历对你产生明显影响？

·你认为这些信息对你有影响吗？如果有，是什么影响？

你的家庭对成功的定义

我们从各自的家庭经历中学到什么是成功，什么是失败，以及如何处理它们。因此，儿时树立的心中楷模会对你产生很大的影响。童年时期的大部分学习都是通过观察和模仿获得的，因此行为榜样是非常有影响力的。他们让你看到将来的自己，并为你带来指导、动力和灵感。大多数孩子的重要榜样是那些经常在生活中出现的人，例如父母和看护人。小时候，父母的生活会影响你对自己将来的生活的设想。他们要么会激励你，要么会让你想做完全不同的事情；另外他们还会成为你处理事情的榜样。如果你最亲近的人认为错误或失败是不可接受的，那么你很可能也会持同样看法。

他们还会影响你对能力的定义。回想一下第一章里有关能力类型的内容——能力类型是由你的成长经历决定的。如果所有人都说你非常聪明，你可能就会认为，你真的擅长某件事，就应该很容易将它做好（天才型），或者只有完美才足够好（完美主义者）。

如果你的父母对聪明的定义是"可以轻松做到完美"，那么这就会歪曲你的观点。若达不到这个标准，你可能就会认为自己做得不够好。即便周围所有人都认为你学习能力非常强，你心里却认定他们对你的看法是错的，因为你发现学习这件事并不轻松。这种想法会令你感到不自信。

如果你的家庭传达出一种整体观念，即学术能力、智力和才能是以拿到多少学位来证明的，那么你很可能对自己也有同样的期望。也许你家里的每个人都是医生、律师或会计师，那么你可能会觉得，自己只有也从事类似的职业，才会被认为是成功人士。

另一方面，缺乏榜样或导师也会令冒名顶替综合征的感受加剧。例如，如果你是家中第一个上大学或有事业的人。这些第一代的成就者可能会感觉自己在哪里都格格不入，无论是在家里还是新环境中。

假如你已经明确知道了成功的含义，但你却做了与之不同的事情。例如，你的家庭认为具有某种技能的职业是成功的标志，而现在你却做了一名娱乐艺人。这种不匹配会使你很难认同自己的成就。

这样一来，你就更有可能质疑自己的事业，认为其他人对此也并不看重。即使直觉告诉你自己是成功的，但在心里你仍然难以接受，因为家庭早已对你设定了对于成功的看法。

请花一点时间思考以下问题：

· 你的家庭是如何定义成功的？

· 家人对你的期望是什么？

· 你的榜样是谁？

· 成就意味着什么？

· 当你做得很好或者感到吃力时，你父母的反应如何？

回忆一下童年时你曾做得很好的事，想想当时的情况：

· 别人是怎样看待你的？

· 你最亲近的人反应如何？如何跟你谈论这件事？

· 对于这件事，你的老师是怎么说的？

· 你认为这件事对你有什么影响？

现在，请再回想一下你在童年时曾犯过的错误或失败的经历，然后问自己以上同样的问题。你现在所做的事情与你的家庭对成功的定义相符吗?

随着年龄的增长,我们会受到来自社会和群体的影响。周围的人,尤其是那些我们崇拜的人,会向我们传达不同的观念和价值观。这些社会因素会继续塑造我们的个体、我们的自我观念和身份意识,并会影响我们对成功和失败的看法。在企业世界里大家都认为财务成功是关键,于是身处其中的你也开始持有同样的理念;如果大家都认为骄傲是不好的行为,保持谦卑很重要,那你可能就会贬低自己的成就;而如果周围每个人都经常加班,你也会觉得这稀松平常,没什么好奇怪的。

质疑旧观念

人的性格、经历以及各自家庭对成功的定义这三点相结合,形成了人们的自我观念。冒名顶替综合征患者往往会得出这样的结论:自己不够优秀,不够有价值或在某些方面能力不足。可能他们不会一直有这种感觉,但一旦这种感觉被触发,他们就会对自己心存疑问,害怕无法达到他人的期望,进而导致本书第二章中所讲到的不适感。我们的观念对自身的行为有很大的影响,接下来的几章中我们将会探讨冒名顶替综合征对你产生影响的不同方式。

现在,我想留一些东西让你去思考。很早开始你就有了这些观念,从那以后还一直不断地加强它们,但是,如果从一开始它们就不正确呢?

根据自己的人生经验，你得出了特定的结论，这是完全可以理解的。你的世界观是建立在成长过程中获得的有限信息之上，而这并不意味着它完全正确，不容置疑。

事实上，我想说的是，你确实有必要质疑一下自己的观念。我敢肯定，对于生活中其他重要的事情，你会经常进行重新评估，人际关系、工作进展、生活目标，而我们的自我观念也应该得到同样的对待。

在阅读整本书的过程中，我们要做的是打破你对自己原有的看法，你要仔细观察、重新评估，以一种新的、更好的方式重新认识自己。我希望你能够更新自我观念，找到对你来说真正重要的东西。

成功有很多不同的版本，无论它意味着学位、实际成就、做一名家庭主妇、当一名学徒还是在大公司工作，最重要的，是要明白成功对你来说意味着什么。在读这本书的时候，请记得思考这一点。拆除原有的一切可能会让人感到不安，但请把这看作是打下坚实基础的必要步骤。一开始这样做你可能会觉得很别扭，但从长远来看它会让你感觉更自信而坚定。

第四章 更新观念，拥抱理性

> 我们的大脑并不总是理性
> 的，它更倾向于认同那些我们
> 认为正确的想法，而抵制那些
> 我们认为错误的想法。

到目前为止，你对自己的观念及它们的起源已经有了很好的理解。这些观念并非总是正确的，相信你也了解了一些。接下来，我们要探讨观念是如何影响你的。随着年龄的增长，你的各种观念会自然而然地发生改变，这点似乎并不难理解。然而虽然这种改变的确会发生，但实际发生的概率却比想象中要低得多。有时候，哪怕有证据表明旧观念是错误的，人们也很难做出改变。你就是一个很好的例子：你已经取得了成功，并且因此而受到别人的称赞，但你仍然怀疑自己、怀疑自己的能力，无法坦然地接受成功与他人的赞美。原因是什么？就是你看待自己的核心观念。你不能更新观念，即使它可能不正确，因为这就是旧观念所造成的影响之一。我知道这听上去有点令人困惑，但请耐心跟随我继续往下看。

要理解这一点，我们需要看一下：

· 观念的作用。

· 情绪对观念的影响。

· 确认偏误。

· 为什么你不能更新自我观念？

观念的作用

我们的大脑会不断地处理通过感官接收到的各种信息，而观念有助于减轻认知负担——它们提供了一个框架，在发现和解释新信息时，通过参考过去的经验和记忆来处理信息。

回想上一章中所举的例子：当重复获得一条信息后，比如什么是鸟，你就开始辨别它们，这些知识信息可以帮你识别其他的鸟。

同样的，通过组织和解释我们接收到的信息，观念能够帮助我们理解所处的世界。有了它们，在解释周围环境的大量信息时，我们就有了一个捷径。

如果每次我们都如同第一次接触一样去处理事情，那么很显然效率会极低。而观念提供的捷径让我们可以遵循常规，不需要花费过多精力思考，就可以将周围环境中的相关内容进行过滤。这跟你每天早上的例行习惯或上班路线类似，这样做可以让部分生活进入自动运行状态，从而节省你的时间和精力。

这意味着，观念一旦形成，就不仅仅是我们持有的某种观点，而是会帮我们根据现有的期望来解释外部世界。它们会渗透到方方面面，成为我们的生活运作的核心。所有人都是如此。

观念会帮助我们：

·简化世界——通过将新经历与现有观念做对比，新的信息可以得到整理和归类。

·快速思考——我们不必花费太多时间了解正在发生的事情，因为现有的观念可以帮助我们快速、自动地吸收新信息。

·快速学习——当接收的信息符合现有观念时，我们会学得更快。

这有点像借助在线翻译工具帮你用另一种语言来表达自己。如果你逐一查找每个单词，那会花费很长时间。相反，你可以复制粘贴短语和句子，这样很快就能知道应该怎么说。问题是，翻译工具并不能总是准确地理解你的意思，有时它无法表达出语言的微妙之处，并且也不能保证你的发音和语调完全正确。它很有用，但并不完全可靠，就像我们的观念一样。

重要的是，观念会影响我们处理信息的方式：

·它们会影响我们所关注的重点——我们更倾向于关注与现有观念相符的信息。

·它们会改变我们处理信息的方式——当新出现的信息与现有观念冲突时，人们有时会扭曲或改变新的信息，使之与他们已有的观念相适应。

·它们很难改变——面对矛盾的信息，我们经常选择坚持自己的观念。

即使我们面对一个矛盾的观点，这种偏向性仍令我们坚持自己已知的观念。诚然它们有助于去发现和解释不同的信息，但如果不加以审视更新，它们也会产生一些副作用。

情绪对观念的影响

我们会向周围的人学习，但我们不会全盘接受听来的信息，在这个思考的过程中情绪也会产生，最后，我们的思考和情绪会融合成观念。结果就是，我们的大脑并不总是理性的，它更倾向于认同那些我们认为正确的想法，而抵制那些我们认为错误的想法。例如"我有种很强烈的感觉"这句话，这个"感觉"的出现是有原因的。

在想到一个观念时，你记起的不仅是与之相关的想法，还会记起与之相关的情绪。由于进化的结果，人类的情绪反应比理性推理要快得多。我们的威胁快速反应系统不仅会对掠食者做出反应，对信息同样也会做出反应。理性思考的过程相对更为缓慢和仔细，而到那时，快速反应情绪已经使我们的反应（请记住感受不是事实）扭曲了对信息的处理方式。

那些带有强烈情感因素的观念，例如对自我的消极看法，甚至比一般的观念更难以改变。我们会将它们紧紧抓住，似乎它们是我们身上不可分割的一部分。这就是为什么即使面对非常合理的相反证据，我们仍然执着依附于消极的观念。一旦这些观念被确立，我们就会被自己偏好的信息所吸引，并挑选显示我们观念正确的信息。多年来，我们积累了越来越多的信息来支持自己的观念，即使这些观念在形成时并不正确。这就像是管中窥豹：你只关注能证明自己观念正确的信息，对其他一切都视而不见。

这一过程被称为确认偏误，即遇到一个命题时人会倾向于寻找支持这个命题的证据，而忽视否定这个命题的证据。

确认偏误

美国著名社会心理学家利昂·费斯汀格在他的著作《认知失调理论》中写了一个有关确认偏误的著名例子。他渗透到一个小型邪教组织中，该组织由多萝西·马丁领导，名字是"探索者"，其成员认为他们在与外星人交流，而其中一个外星人被认为是基督的化身。

多萝西通过所谓的自动书写来记录星际信息。该组织认为，1954年12月21日，将会是世界末日，但他们会被外星人拯救。他们丢下工作和伴侣，散尽家财，准备好要离开地球。

然而到了12月21日，预言中的世界末日并没有发生。但组织成员没有质疑预言，也不认为自己的信念出错，而是找到一个新的解释——他们在最后一刻被赦免了。证实由于他们愿意相信预言，才成功地拯救了地球。他们失去了工作，失去了家庭，受到媒体的嘲笑，但他们仍然坚守自己的信念。

世界末日并没有发生，他们却更加坚定自己的信念。这种确认偏误能够解释冒名顶替综合征的自圆其说特质。我们会更加关注和强调那些支持自己观念的证据，同时怀疑或忽视任何冲突的信息。它让我们以支持固有观念的方式来解释自己的经历。

确认偏误不仅影响我们解释新信息的方式，还会帮我们在第一时间判断出所要找的东西，唤起对某些问题和决定的相关记忆。当涉及强烈的情绪时，确认偏误更容易发生。假如我的伴侣不忠，或者我的孩子行为不端，而我不愿去相信这些，那我就会千方百计去解释，为他们找借口。通常这是自动自发地，我们甚至没有注意到自己在这样做。

想一件无关冒名顶替综合征，但你却完全确信的事，比如你喜欢的政党或者你最喜欢的球队。对于他们，你不愿听到任何与你意见相左的评论。别的政党别的政见？他们都是骗子！对手球队？都是打假球的！或者，回想你最近的一次争辩，为了能证明自己正确，你听不进别人说的任何话；为了支撑自己的观点，你会无视其他一切论据。直到你情绪下降，不再热衷于争论这件事，你才会倾听别人的说法，思考他们的观点。

自己亲眼看看

冒名顶替综合征是确认偏误的完美例子。很久以前，你就认定自己是个骗子，多年来，你一直在头脑中累积支持这一观点的论据，无视任何与之不符的信息，从而对自己产生强烈的偏见。这种顽固的观念是你无法前进的最大原因之一。另外，你还害怕潜在的羞耻感，不敢冒险尝试不同的方法，这些都使得你不可能去换一种思路来看问题。

你确信自己是对的，其他人都是错的，并竭尽全力证明这一点。针对做得好或不好，你会采用不同的标准：成功，则归因于外部条件，比如时机或运气好；而如果是失败，原因就完全归咎于个人。你一直这样思考问题，时间久了已经形成一种自动模式。好的东西？必须拒绝。负面消息？随时洗耳恭听。

建设性批评、负面反馈和错误，这些都证明你不够优秀。你在脑海中对它们反复斟酌回味，不放过任何细节。

你永远不认同自己的成就，更谈不上庆祝它们；你的注意力永远集中在失败的原因上。而那些贬低自己成功的理由可以说罄竹难书，下面是你可能会想到的一些。

概括性理由：

· 我很幸运，要么就是机缘巧合。

· 我很会演。

· 我欺骗了他们。

· 这是因为他们喜欢我，他们是出于礼貌或客气。

· 这点成绩不值一提。

· 它（成就）只是听上去比较高大上。

· 我受到了很多帮助。

· 只是因为我工作够努力。

· 如果我能做到，任何人也都能做到。

· 那只是因为天时地利。

· 他们的标准很低。

· 他们犯了个错误。

· 他们是可怜我。

· 这是种正面偏见。

- 别人都不屑做。
- 我被揭穿只是时间问题。

找到工作时：
- 我有关系。
- 我面试发挥得好。
- 我的简历写得好。
- 申请这项工作的人少。

取得学业上的成就时：
- 可能今年申请这所学校的人少。
- 我一定是在候补名单上，他们并不想招我这样的学生。
- 他们肯定算错分数了。
- 他们招错了学生。
- 肯定是管理出错了。
- 我选择了冷门专业。

如果有人表扬或赞美你，你不仅不接受，还要跟给予肯定的人解释他们如何错看了你，刻意贬低自己的贡献。你会说，"那只是表面上看着不错罢了""实际上我搞砸了好几个地方"。

由于你的能力类型，即使亲眼看到任务完成，也不足以改变你的观点。最初，你的确会感到一点儿放松和成就感，但这种感觉稍纵即逝。之后，你就开始否认自己与任务的完成有关系，并拒绝接受对你个人贡献的肯定，因为这些信息不符合你对成功的看法。对于怎样才算是成功，你心中早有自己的定义。由于扭曲了对能力的理解，你设定了难以达到的高标准。

如果实际和理想的成功标准之间出现差异——其实这是一直存在的，因为你设定的标准是任何人都不可能达到的，所以你就会无视别人说的话，因为他们的观念与你的不符。成功并没有让你感觉更好，而是让你更加觉得自己是个欺骗者。尽管你已经做得很好，但仍然达不到你对自己、对成功的期望值。

接收正面信息的过程类似于玩儿童形状分类桶，它们必须以绝对正确的形式出现，并从正确的角度输入才能获得通过。而接收负面信息的容器则像是一只巨大的桶，所有相关的东西都会落入其中。这意味着你不能坦然接受外界的肯定或认同自己的成就。不管别人怎么说，你都怀疑自己的能力，觉得自己是靠弄虚作假才取得现在的成就。

这并不是故作谦虚的表现。有时你会觉得自己有能力，也很成功，但这种意识出现的频繁程度取决于冒名顶替综合征的严重程度。到目前为止，你对自己的看法从未改变，因为你拒绝接受任何新的信息。事实上，大多数时候你几乎意识不到这一点，因为你只关注自己没有做到以及出错的地方。如果新的信息不符合你的观念和对能力的定义，那么你看好自己的概率微乎其微。如果仍然固守现在的观念，那你几乎没有改变的希望。

这样一来，也难怪你接受不了赞扬、难以认同自己的成功了。如果再加上强烈的情绪反应，那么，你就更难以不同的方式看待事情。这会导致你无法更新对自己的看法，无法改变童年时期就形成的观念，也意味着你无法感受自己的成功。

感受成功

现在，想一下你平时会花多少时间享受美好事物，又会花多少时间忧虑那些令人不快的事。我不需要听到答案就知道，你肯定花了很多很多的时间在不开心的事情上。

对于美好事物，如果你既很少去想，也不与他人谈论，那么它们就很难在你的心中驻足停留。如此一来，你就会无法感受自己的成功。尽管有大量的事实，你也仍然不能将自己与成功联系起来，因为这是你从未想过或讨论过的事情。偶尔你也能看到它，但总像是隔着一块毛玻璃，不能看得清楚通透，你无法真正关注它，也不能认同它。

谈到对成功的认同，我的意思是要能够接受成功并在心里坚持这种想法，使它成为你了解自己的一部分。他人的肯定和赞扬非常好，但同时我们也要能够认同这些，才能在内心建立起衡量自己成功与否的标准。

外部验证本身是不够可靠的，因为它的标准总是依赖于某人或某样东西。而内部记录则更加准确和稳定，因为它会罗列出你做过的每件事，并允许你回顾过往，从而更加完整地看清自己的能力。当你感到不那么自信时，可以利用这一点，了解自己的能力，会让你镇定自若。

当你无法认同自己所做的事，就导致了问题持续存在。即使余生中你不再犯任何错误，取得了出色的成就，并经常获得赞誉，你的观点也不会发生改变。它不能改变，因为你拒绝认同任何新信息，你被困在了观念形成之初。

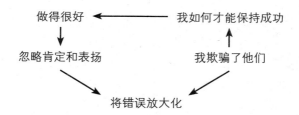

好消息是你可以与这种确认偏误做斗争。那需要非常大的努力：你必须积极主动地反驳它，识别它并做出改变；你要努力学会认可自己的成功，认为自己是有价值的人；你得学会接纳事实证据，把自己从情绪中剥离出来。

重新审视和评估

现在你已经很好地理解了冒名顶替综合征的起因，也明白了即使有诸多相反证据，旧观念仍然存在的原因。基于你所看到的偏误信息，你得出的结论是正确的，但问题是你只看到了画面很小的一部分。你需要后退几步，这样才能够看清全貌。

要做到这一点，你需要把情绪放在一边，转而依赖证据和事实来判断。把你每一次的成功，无论大小，都写下来。你要用大量的时间，认真地来做这件事。虽然可能会花费很多时间，但绝对值得。别担心，接受这些新信息并不意味着你会变成自大狂，我想你应当意识到这一点了。

请把这看作是对抗冒名顶替者观念的证据收集过程。如果不这样做，你就不能更正自己的确认偏误，也无法积极关注接收新的信息。将做成的每件事写下来，会让你花时间去思考自己的成就；看到白纸黑字的事实，也有助于你认可、接纳自己的成功。

尽可能搜寻记忆中的每一个成就，所有的一切无论大小，只要它在你脑海里闪过，就把它记下来。不要有任何质疑，也不要让任何借口成为阻拦。我只想知道发生了什么，而如何发生、为何发生不在考虑之列。

在写下的成就中，请涵盖以下内容：

· 考试成绩、资质证书。

· 工作晋升和加薪。

· 来自朋友、家人或同事的称赞和表扬。

· 担任某项职责，诸如会议主持、某区 PTA（家长教师协会）主席、成为某一领域的领导或负责人等。

· 你所克服过的困难、成功的面试、很难却得以通过的学科考试。

· 在家庭生活或爱好中取得的个人成就。

把这个清单命名为"我的成就"，在这个清单上，没有正确与错误的成就之分，它们每一个都很重要。你可能需要一个星期或至少几天来完成这项工作，因为一旦开始回顾过去，更多想法将会在你脑海中一一浮现，届时你就能将它们添加到成就单当中。

清单完成后，请仔细看看你写下的内容。看到你的成就了吗？假如我告诉你，清单中的这些都是另外一个人做的，你会怎样评价这个人呢？而假如其他人看到了这张清单，他们又会如何评价你呢？

这个清单所呈现出来的画面与你想象中的完全不同。而你更应当以这个清单上的信息为基础，来确定你的成就及能力。请牢牢记住清单上的内容，每天都把它从头看一遍，还要时刻准备添加新的成就上去，在这个基础上逐渐建立起新的观念吧。

你的消极偏见令你的问题存续了太久。很明显，你认为自己是冒名顶替者的想法并没有牢固的事实依据，而是由一种感觉引发的。我敢肯定，某种程度上你仍然会贬低这张成就单，但是我们还有更多的方法来证明，实现清单上这一切的人就是你。它显示的就是你的能力，而非花招或运气。你也并不是个好演员，因为你蒙骗不了所有人。

为什么你不能更新自我观念？

是时候坦诚面对自己了；作为人类，我们的观念容易产生偏误。请牢记这一点，与此同时停下来想一想到目前为止你所思考到的。

想一想造成你认为自己是冒名顶替者的所有原因：

·你需要如此多不同的声音和策略来说服自己是个冒名顶替者，这难道不奇怪吗？

·无论是怎样的成功，注意你是如何通过改变论据和理由来用固有观念看待它的。

·任何成功都源于外在因素，而失败则都是你个人造成的，真的是这样吗？

·你是否也用相同的规则来评价其他人？

我希望现在你应该更清楚，你所做所成就的一切都不算数。目前看来，也并没有确凿的证据证明你的观念是错误的。但如果你开始怀疑你的自我观念也许并不正确，那不妨坚持一下这个想法。想要成功地改变某个观念，首先需要放弃以往的旧观念，当你不再把它当作是衡量人生的唯一信条，新观念的切入便有了可能性。

第五章　警惕伴生行为：过度工作和逃避

> 虽然已经尽了最大努力，但你的应对策略没有令一切变好，反而让情况更糟。

现在，你已经很好地理解了什么是冒名顶替综合征以及它为什么会影响你，也已经开始意识到你的自我观念，和它会导致你无法感受自己成功的原因。这些观念如何影响你的日常应对策略？这些应对策略如何影响了你的为人处世？我希望能够让你看到更完整的画面。

通常，应对策略以两种方式呈现——过度工作和逃避，我称它们为冒名顶替综合征的伴生行为。

它们会导致你无法感受自己的成功，让你的身份困顿在过去。请利用这一章作为检查清单，来了解冒名顶替综合征如何影响你以及你的问题应对策略。

生活中，如果你总担心自己是个冒名顶替者——不管这种想法潜伏得有多深——你就会竭尽所能地保持警惕，避免它给你带来羞辱感。多年以来，你已经制定形成了一整套的应对策略来管理生活，确保你足够安全，不被他人发现。

每天我们都用应对策略来管理日常生活。它们可以帮助我们掌控、容忍或减少压力。它们也会依个人观念的变化而改变。如果你担心自己不够优秀，那么就会制定相应的应对策略，确保没有人能看到这一点，并极力控制住这种想法。通常，这些是我们在成长过程中学会的应对技能，是为了应对生活中的各种经历而建立发展起来的。

有些应对策略可能会有所帮助，例如，你发现与人交谈会让心情更好，运动能够减轻压力、精神焕发。这些是积极的应对策略，是对我们有益的。然而，有些策略会增加问题的严重性，例如不允许自己有任何情绪，或者从不与别人分享你的感受。这些回避型的应对策略使我们不能面对并解决问题。

回想引发冒名顶替综合征的一些经历，就能够理解你为什么想要找到某种方法，让自己感觉好些。如果在家里的兄弟姐妹中，你不是最聪明的那个，你可能会发誓要一直努力工作，直至过度工作；或者，假如对自己抱有很高的期望，你可能就决定不去尝试那些不确定的事情，而不是去尝试一下，哪怕会失败。这，就是逃避。

根据你自己的解释，你的回答是可以理解的。如果你真的是个骗子，那么你的确需要做这些事情来确保不被揭穿。你所做的一切都是为了防止别人发现"真相"，从某种程度上说，你的策略起到了一定作用。短期内，你的应对策略会让你感觉更好、更安全，你也不会被揭穿。但是，假如你对自己的看法是错误的，你并不是个冒名顶替者，那么这些行为就成了问题。

吞下苍蝇的老太太

听上去可能很怪，但这些策略让我想起一首童谣，讲的是一个老太太吞下一只苍蝇的故事。因为吞下了一只苍蝇，她觉得自己可能会死掉。如果你真害怕到了那种程度，那么接下来发生的事情就算再疯狂也不足为奇了！

为了把苍蝇从肚子里弄出来，她先是吞下一只蜘蛛来抓它，又依次吞下一只鸟来抓蜘蛛，一只猫来抓鸟，一只狗来抓猫，等等，直到她吞下一匹马（最后死掉）。

正如你所知道的那样，恐惧会驱使我们没有考虑周全就去做某些事情。当你害怕的时候，你感觉自己不能再冒哪怕一丁点的险。但设想一下，如果老太太不去在意那只苍蝇，只把它看成是额外的蛋白质，结果如何呢？

就像童谣中的老太太一样，你可能也认为你的应对策略是有用的，但实际上，它们使事态变得更糟，并且令你看不清真相。就像那只导致老太太不适的苍蝇一样，你认为自己是冒名顶替者的想法，也没有什么可害怕的。你完全有能力胜任你想做的事情，即使你犯错或失败了，也不会揭穿或暴露你什么。错误和失败不是死刑判决，而是人生的正常组成部分。

相比于冒险尝试新的方法，你可能会觉得继续现在的做法更容易，但冒险是让你能够看清真相的唯一方法。希望到目前为止，你认为自己是冒名顶替者的观念已经有所动摇，也已经开始意识到你对于自己的看法并不正确。如果观念就是错误的，那么就很有必要重新评估你的应对策略。

这些应对策略阻碍你改变对自己的看法。它们任由事件发展，让你不能认清自己并不是冒名顶替者的事实。

如同童谣里的故事，对你来说，那些马、牛、山羊、狗、猫、鸟、蜘蛛分别是：

· 秘密；

· 过度工作和逃避；

· 自我批评；

· 自我怀疑、不安全感；

· 完美主义、害怕失败；

· 不切实际的高标准；

· 削弱积极因素，放大消极因素。

让我们来看看过度工作和逃避的不同表现，其中有些你可能很熟悉，有些则可能更隐秘。阅读的同时，请记下那些与你的情况相符的表现，并思考它们是如何影响你的生活的。

过度工作

冒名顶替者的感觉激发了更大的努力和责任感，因为你觉得其他人都比你更有能力和智慧。你认为自己必须加倍努力来掩盖自己的不足。

当你在一项任务上投入的精力过多，并且干扰了其他重要的事情，例如人际交往、爱好或乐趣等，那么这就是一种过度工作的表现。你能看到过度工作所带来的种种问题，但却又不能打破这个循环，因为在你看来，只有付出超乎寻常的努力，才能把工作做好。你担心如果自己做不好，就会收到负面反馈或面临失败。

过度工作会导致：

· 工作日以及周末的超长工作时间；

· 纠结于细枝末节；

· 准备工作过多；

· 重复阅读检查要发的电子邮件；

· 过度关注细节；

· 自我批评；

· 自我怀疑；

· 完美主义；

· 试图随时能掌控全局；

· 难以企及的高标准；

· 有失公平地改变规则。

威廉升职了。公司重组后有好几个员工被解雇，而威廉不但没有被裁员，还得到了提拔，肩负起另外两个人的职责。老板对他说，这是对他能力的肯定，他一定能够很快将不同的职责整合完毕，能在公司中担任更高职务。这个可见的预期令威廉感到十分振奋。

新工作开始了，威廉每天超乎想象的忙。能够得到这个机会他非常高兴，但又不想让人觉得这是什么了不起的事。他确信只要自己努力工作，就能掌控一切。但即便这样，工作量仍然在持续增加，于是他认为自己不够高效，完全不觉得可能庞大的工作量才是问题所在。他相信同样的机会若是给同事，他们一定能处理好。因此，他保持沉默，不想让别人看出来他力不从心。他觉得如果自己表现不好，就会被踢出公司，有一整队候补人马随时都能接替他。

于是他离开办公室的时间越来越晚。他从来不出去见朋友，因为他不能提早下班，而如果再喝上几杯，他又怕应付不了第二天的工作量。轮到他接孩子的日子，他会把孩子们放在床上，然后再次打开笔记本电脑开始工作。朋友们担心他的这种生活状态，他却不以为然，跟他们解释说这只是暂时的，完全没有担心的必要。他觉得朋友们作为外人，并不理解有一份这样的工作意味着什么。

自从接了这份新工作，威廉的湿疹就爆发了，但他并不认为这可能是压力造成的，反而为它带来工作之外的负担而感到恼火。周末时他除了睡觉就是工作。为了能跟上工作量他已经精疲力竭，可还是照样继续。为了维持工作运转，威廉牺牲了自己的私生活。但他不敢质疑这一点，因为他担心一旦跳出这种循环，自己就会落后，老板们就会认为他胜任不了这份工作，他们选错了人。

威廉的老板们对他的工作很满意，毕竟他承担了三个人的工作量。在他们看来，他工作效率非常高，并且还十分注重细节。试问有哪位老板不想要这样的员工呢？事实上许多公司都倚赖于员工们加班加点的工作，它们会有目的地聘用那些具有完美主义倾向的人，鼓励员工之间竞争，并让他们认为拥有目前的工作是种幸运，这会进一步加剧员工的焦虑和不安感，因此他们就会更加努力地工作。

联想到某些行业中的职位竞争之激烈，也就不难理解那些员工们的不安情绪。例如在传说中的五大神奇律师事务所（精英律所，通常被视为以英国为总部的五大顶级律师事务所），共有1500名申请者竞争90个职位，而在这90人中只有5%的人最后能成为合伙人。假如你是名律师，那么你会身处十分激烈的行业竞争之中，有很多人都对你的工作虎视眈眈。所以如果你不做，自然还有其他人愿意做。

这为职业不安感和过度工作创造了一个理想的环境，在这个环境中的员工似乎都身处竞技场。你与同事被拿来筛选对比，定上级别，而这些又不透明公开，所以你永远也不确定别人干得好坏。你只知道，在这样一家公司任职的其他人一定既聪明又有能力，为了让自己不落后于人，你给自己设定了极高的标准，而这些标准却越来越高。

你可能已经注意到，在某些行业中，老年人很少，这是有原因的：他们不能无限期地保持这种速度，否则他们会因过度工作而精疲力竭。许多公司并不是把员工的最佳利益放在首位，公司的利益才是最大的。当你在另一个周末工作的时候，记住公司的忠诚度在哪里是值得的。

为何成功无法打破这种循环

令人惊讶的是，大多数认为自己是冒名顶替者的人的确实现了自己的目标，并在决心要做的事情上取得了成功。过量的工作意味着你确实会把工作做得更好。正如威廉一样，你发现自己学到了更多，而这会带来更多的晋升和成功。但你仍然无法减轻那种令人不知所措的焦虑感，你把成功错误地完全归功于工作上的努力。又或者，等你真的达到了预定的目标，你又会把原先的目标标杆移得更远，这也会激发产生冒名顶替综合征。这会让你看不到事实——成功的最主要因素是你这个人而非其他，因此你仍然被困在过度工作的循环中。

或许你是名个体经营者，而且已经很成功，但你总是在担忧成功难以持久。又或许在所投身的领域你已经成就非凡，但知名度越大，你反而感觉越糟糕，因为知名度提高意味着更多的关注，你担心别人会更容易发现你实际上名不副实。随着你更加成功，负面评论或反馈的范围也会随之加大。

无论是成功还是晋升，它们都没能消除你的恐惧，也没能驳斥掉你的冒名顶替者理论，反而让你感到更深的压抑和恐惧。这一变化可能意味着先前的衡量标准已经被你或其他人提高了。随着期望值不断增加，风险也越来越大，你现在需要维护自己的声誉，随之而来的责任对你来说就成了负担。你不是沐浴在成功的喜悦当中，而是惶恐地等待着，想象所有人发现真相时，他们会怎样嘲笑你。

焦虑感持续增加，又进一步加深了你的恐惧。你害怕哪里会出错，导致其他的一切都崩溃瓦解。"如果所有这一切都消失了会怎样？"爬得越高，你越感到不安全，因为你会摔得更重，压力也更大。你觉得自己的事业是一场即将到来的灾难，当灾难最终来临，一切真相都将被揭开。

由于不自信的驱使，你确实更加勤奋努力，并最终取得了成功。而不够自信带来的第二种好处却更难放手——成功让你兴奋，而且你也多少有点喜欢这样的事实：你努力并比别人做到的要多。然而，由于你不断提高的标准，你无法从内心认同自己的成功。

更重要的是，成功是以牺牲你的健康、人际关系和个人幸福为代价的。为了不让自己落后于人，你必须一直努力，而所做的事情和结果从来不能令你满意。大负荷的工作量使你很难享受事业以外的人生，无论你做多少似乎永远都还是不够。

事实上，你不需要如此努力地工作，你所做的已经远远超出必要。我知道这很难令你信服，因为你认为自己应该能者多劳，但如今这样做的保险费已经太高了，这就像超额支付你的保险费，它意味着你永远不会给自己机会认真审视自己的成功。这个循环需要改变。

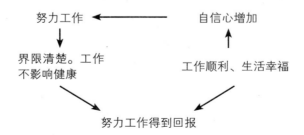

事实是，所有人都须经由努力才会成功。所以你在解释自己成功的因素时，并没有将自己的优点考虑在内。工作努力是一项

综合技能，它需要毅力、决心、专注和学识、能力的结合。这对大多数人来说并不容易——这也是对天才型思维的一个重要提醒。

现在，请想一想自己的生活，再仔细看看这个过度工作的循环，这真的是你想要的吗？

一种简单的方法是问问自己："如果在生命的尽头回首往事，我想看到什么？我会做不同的事吗？我愿跟谁共度生命的宝贵时光？我最大的遗憾是什么？"

这是个能够帮你看到大局的有力方法，让你能够认真思考对你来说真正重要的东西。在到达生命的尽头时，很少有人（尤其是像你这样的人）后悔没有更加努力地工作。来自澳大利亚的一名护士布朗尼·沃恩，曾有数年时间在患者最后的12周里为其提供安宁治疗。她写了一本书，名为《临终前最后悔的五件事》，书中收集了她对患者们的观察结果，记录了人们在生命行将结束时的大彻大悟，以及我们从中能学到的经验。

当被问及后悔或希望改变的事时，患者们的回答集中在五个主题上：

1. 我希望有勇气过自己真正喜欢的生活，而不是活在别人的眼光和期望中。

2. 我希望自己工作没有那么拼命。

3. 我希望有勇气表达出自己的感情。

4. 我希望跟朋友们保持联络。

5. 我希望自己活得更开心。

这些主题都与你现在的生活方式有关，因此请花些时间认真思考一下，并想想你对生活的期望。

逃避

当你渴望如此高的标准，并对失败有着巨大的恐惧时，就难怪你会逃避责任，一想到开始要劳神费力你就犯拖延症，一遇到困难就容易半途而废。

也许拖延到最后一刻你才发现再不去做就来不及了，所以你得通宵熬夜，也没时间检查自己做出的东西。这样一来至少你就有理由做得不好；你就会对自己说："如果我多花些时间来做就好了。"

你宁可毁掉自己的机会，也不愿全力以赴后出现不好的结果。这以一种扭曲的方式，让你必须同时处理多种任务，你也还是会一直坚信：如果从一开始就努力，你可能会做得非常出色。另一种情况是，你的确努力了，但结果并不如人意，于是你害怕别人会因此说三道四。这也是一种对潜在批评或负面反馈的逃避方式。

即使最后关头取得了成功，你还是无法认同这个结果——你都没有尽最大努力，却仍然做得很好！由此你认为考试或面试缺乏可信力，觉得这些本身就不难，出题者或面试官一定是把某些地方搞错了。

逃避还会以更加微妙的方式出现，例如能打电话解决的问题却不去打，之后又担心对方会生气，所以索性拖更长时间。这种想要控制生活中的一切的行为，是为逃避心理上的脆弱感而做出的努力。你小心翼翼，尽量避开暴露缺点的雷区，或者选择每天借酒浇愁。

以下是一些常见的逃避行为：

· 避免困难情况；

· 竭力保持自信；

· 不寻求帮助；

· 退缩；

· 拖延；

· 责怪他人让你觉得自己不称职；

· 责备他人做错事；

· 不充分准备；

· 不接／打电话；

· 迟到；

· 贬低成功；

· 从不冒险；

· 时刻保持警惕；

· 不毛遂自荐；

· 梦想逃离避世——卖掉财产去旅行或去做体力劳动者。

当逃避行为变得更加严重时，就会导致自我否定。你的所作所为都被自己认为的不足所驱使，让其他人觉得你有态度问题，而意识不到是你的恐惧心理在作祟。

以下是可能出现的情况：

· 消极怠工；

· 不做尝试——不尝试就不会失败；

· 不关心——只要不去关心，那么发生任何事就都与你无关；

· 重要会议前夕疯狂玩乐；

· 人际退缩；

· 申请低于自己能力的工作；

·错过工作机会；

·令他人失望；

·滥用药物；

·自毁行为；

·在哪里都待不久——不断换工作、不断搬家到不同城市或国家。

研究表明，逃避型应对策略是一种心理风险因素，或是对压力事件的不良反应。它们就像是把头埋进沙子里，眼不见为净。这样也许是能够躲得了一时，但当你抬起头来换气时，需要做的一切仍旧等在那里。

卡拉决定要回去工作了。她计划去参加一个求职互动会。一想到要站在那么多人面前，她感到有些紧张。在去之前，她做了万全的准备，告诉自己这只是个起点，不管结果如何，她都应该先试试。活动当天，她全力与人聊天互动，分享自己的情况，并耐心了解对方。活动进行得非常顺利，她见到了很多有趣的人，每个人都做出了很好的回应，其中有位重要女性还要求卡拉在活动结束后将简历发送给她。卡拉不敢相信事情进展得如此顺利，也没有想到大家会如此青睐她。

回家后，她发誓一定第二天就给那名女高管发邮件。然而第二天、第三天过去了，她根本无法静下心来做这件事情。她知道在邮件寄出之前，必须要措辞完美，这是个不容错过的机会。眨眼间一个星期过去了，她仍然没有动静。最后，她强迫自己把邮件发送出去，而对方立即做出了回复——"谢谢你，卡拉，我们很愿意与你见面详谈。请下星期到我们公司来一趟吧。"

了解自己所使用的逃避策略，并理解使用它们的原因是非常有帮助的。对失败的恐惧构成了问题的很大一部分原因：追求真正在意的东西时，你会感到脆弱无助，你将自己置身其中，同时又担心事情不会成功，就如同卡拉一样。这些是可以理解的，但如果不去尝试，你就没有机会。

在本书后面的部分，我们将会讨论冒名顶替综合征伴生行为的应对策略，但现在的重点是要了解它们的运作方式，并更新你的结论和看法——与其说你运气好，不如说你擅长在压力下工作。不要总把别人的反馈看成是负面的，而是要看到它们的有用之处，并且要认识到，你所听到的其他观点越多，你就越容易习惯它们。并且这还有助于你认识到，人们并没有如你想象的那样密切关注你，你对自己的审视远比他们对你的看法更为严格。而你设想的最坏情况，正常来说是不太可能发生的。正如你所看到的，有时即使没有全力以赴，事情都还会有好的结果，那么试想如果你放弃恐惧，全身心地投入将会取得何等的成就？

更多内容

想到这一切以及它对你所产生的影响，我就感到非常难过。虽然已经尽了最大努力，但你的应对策略没有令一切变好，反而让情况更糟。你在自己周围筑起一道铜墙铁壁，把你和周围的人隔离开来。你永远也看不到自己的成功，而在过度工作和逃离避世之间苦苦挣扎。那些你认为可以护你周全的对策实际上是一个个陷阱。你根本不需要继续做这些。

下面，思考你自己真正想要的东西。

· 你的应对策略如何影响了你？

· 为了工作或人际关系，你是否牺牲了自己的健康和幸福？

· 假如可以设一条界线，给你留出足够的空间，你的人生会有所不同吗？

· 想到去追求你真正想要的东西，你是什么感觉？

· 如果你现有的应对策略不起作用，你会怎样做？

· 你认识的人中，谁有着良好的工作方法或人际关系？他们是如何做到这一点的？

接下来，我将帮助你探索这些问题。答案也许并不那么简单直接，但它们会给你新的启发。在本书的第三部分，我会鼓励你放弃那些不起作用的应对策略，转而建立起有效的应对策略。现在，是时候做你自己生活的主人了。你要迈出的下一步将是很大的一步，只有这样，你才能清楚地看到，只有克服你惯有的应对策略，才能赢得真正的成功。

PART 2

自认冒名顶替者的你

第六章　你这样要求自己，公平吗

> 想要继续前行，你必须告别冒名
> 顶替综合征。跟它挥手说再见，让它
> 消失在落日余晖之中。

现在你的冒名顶替者观念已经开始动摇，但我相信你还有很多事情要做。本书接下来的部分将帮助你开始改变。我们将一一解读促使冒名顶替综合征产生的思维模式和观念，并揭示这些思维模式和观念的问题所在，探究它们需要改变的原因。在本书的第三部分，我们将针对这些改变加以实践指导。

我们不妨把各自的观点看成是两种理论。你的理论是：你是个冒名顶替者，你必须尽可能隐藏它，避免被揭穿。如果你担心自己可能是冒名顶替者——不管它潜伏得有多深——并时刻生活在这种恐惧之中，你会做任何事情来保持警惕，以防它有机会让你蒙羞。于是，你制定了一系列应对策略来管理生活，确保安全，防止别人发现真相。

你把自己的恐惧深深地隐藏起来，格外努力地工作，从不大声说话，也不争名夺利；你沉溺于所犯的错误，从不去追求自己所喜所好，因为你担心自己不够格。如果你是对的，那么这些精心制定的策略可以确保人们永远也不会发现真相。但如果你的想法是错的，你并不是冒名顶替者，那么这些行为本身才是问题。

而我的理论是：你担心自己是冒名顶替者，但你因此而采取的应对策略却让你无法看到事实真相。如果我的理论正确，那么你的担忧才是问题所在，因此你需要做的是与现在截然相反的事。目前的状况就好比你挖洞的目的是想从洞里钻出来——你可能觉得这有用，但实际上这只会让一切变得更糟。你得抛掉当前的应对策略，开始冒险，说出你的恐惧，放弃使用那些带有惩罚性的标准——它们让你看不到自己的成功。只有先停下这一切，你才会看清自己是以情绪而非事实为基础在指导行为。

我的理论是建立在心理研究和临床经验的基础之上，有多年来大量冒名顶替综合征患者的经历作为参考与依据。而你的理论则是建立在一种感觉上——觉得自己远没有装出来得那么优秀。

你坚信自己是唯一一个有这种感受的人，却忽略了一个事实：你只知道自己脑子里的想法。你只听到自己的恐惧和忧虑，将内心的感受与他人的外表进行比较，然后就得出结论：他们没有同样的困扰。这会导致你的妄自菲薄，使得你很容易忘记别人也会有这种感受。

我的工作令我处于一个极其有利的观察位置。工作之中我会接触到一些很了不起的人，而他们允许我走进他们的内心世界，告诉我他们最黑暗的秘密和最大的恐惧，以及所有的自卑和悲伤。所以我知道表面上各有不同的我们，其实内心是有很多相似之处的。没有人能凌驾于一切之上（包括我），人们都有不同程度的自卑和恐惧。它不是让我们成为异类，而是生而为人本当如此。希望你也能明白这一点，并认识到你真实的自己就已经足够优秀。这就是为什么我们必须要反驳你的理论。

我将这两种理论做了以下总结，好让你可以清楚地看到它们之间的对比。请花时间思考一下列表中的所有内容。不能再继续这样下去了！

你的理论	我的理论
我是个冒名顶替者	你担心自己是冒名顶替者
我不够优秀（要么在潜意识中这么认为，要么一直这么认为）。	这是你基于自己的经历所得出的结论，而由于确认偏误，你很难产生不同观点。
我必须隐藏自己的恐惧。	隐藏自己的观念让你无法看到别人也有相似的感受，也认识不到这是对人类来说普遍存在的问题。
我不够资格做这项工作。	在尝试新事物时，有不自信的感觉是人类的正常反应。 感觉并不是事实。这种不适感并不代表你是冒名顶替者，也不代表你不能尝试新事物。
我永远不能失败，否则就会被人看穿。	失败是人生的正常经历，它会帮助你学习和增强韧性。

（续表）

你的理论	我的理论
我必须把每件事都做到完美 我得把标准定得特别高，否则别人就会发现有关我的真相。	过分追求完美、为自己设定高标准只会令你更加不自信。因为你的标准根本难以达到，所以你经常觉得力不从心。
为了不让别人发现，我必须比别人更加努力。	你所投入的时间和精力远远超出了正常所需，并牺牲了其他重要的事情，例如朋友和爱好。你永远没有机会看到这一点，因为你工作太忙了。
如果别人的赞扬与我对自己的看法不符，我就不相信。	这代表你从不接受自己的成功，这样也不可能改变对自己的看法。
我把成就归功于运气、人脉、个人魅力和时机。	所有人都会受益于这些因素，但它们只是你成功的一小部分原因。
要想达到目标，保证自己不偏离正轨，我就要时刻保持自我批评。	自我批评会让你丧失动力，让你对自己感到更失望。
我只关注错误和需要改进的地方，它们证明了我是冒名顶替者。	所有人都会犯错 错误并不能证明你是冒名顶替者，而恰恰说明你是个正常的人类。
当事情太多时，我就尽量躲开。	逃避让你感觉更糟，它意味着你不给自己合理的机会。
我从不毛遂自荐；我确保自己不做出头鸟。	你不给自己机会展示出更大的能力。
其他人都很有能力，他们都信心十足。	每个人都有不同程度的自卑和恐惧。
我对自己的看法是对的，别人都错看我了。	这让你很难更新自己的身份，并难以改变自我观念。

证据是什么？

你一直紧抓不放的这个理论是基于个体样本（你），而不是实际的证据。如果你的理论是一项心理学研究，那研究结果将得不到发表。

你目前使用的证据不是基于事实，也经不起推敲。如果你的应对策略真的奏效，那么我在接受培训时早就应该学到了。但在我的博士课程上，并没有人推崇自我批评、完美主义、过度工作或逃避，相反，这些被视为需要克服的问题。

在接下来的几章中，我将帮助你为我的理论建立一个证据档案。它会建立在事实之上，而不是思想和感情之上，这样一来，你就能够放弃冒名顶替者的念头以及那些阻碍你前行的应对策略。然后，我们将继续探讨真正有效的应对策略，你可以利用它们来抑制冒名顶替综合征，并过上你应得的生活。

记住要留心所有的证据，当你看到自己做得很好时，要将它们记下来。一定要坚持记录。这些想法往往转瞬即逝，尽可能长时间关注它们，给它们应得的时长。这些是你理论中的裂痕，我们要将裂痕扩大，让更多的光透进来，这样你才能看到旧的观念是完全不正确的。

改变路径

你可以把目前的观念看成是一条破旧不堪的老路。当你处于触发这些观念的环境中时，你的大脑就会习惯性地径直走上这条老路。它会告诉你，你是冒名顶替者，你不够优秀，你的成就都是源于外部环境和运气。这条路已经磨损得相当严重，踏在上面你几乎就要滑下去，陷入底部散发恶臭的沼泽，在那里，你将感觉更加糟糕。

有时你甚至意识不到正在发生的这些。对于自己的应对策略、思维模式所造成的影响，以及持续带来的问题，你几乎毫无察觉。如果这种行为已经成为惯性，那么也难怪你每次都会滑进情绪沼泽了。但这并不是你的错。现在，既然你已经意识到了这一点，那么就要让自己负起改变的责任，认清这种观念的本质——谎言，并采取行动。

改变自己的观念意味着要找到一条新的路径，原有的那条路径已经破损不堪，很难继续走下去。而此时路标显示有新的路径可走，在你偶尔对自己感觉良好时，有时也会走一下这条路。但这条路的缺点是，它下山比较困难，路两边带刺的灌木丛会刮伤你，另外还得提防刺毛密生的荨麻。想要通过这条路，你必须时刻保持小心。而一旦到达终点，你会发现自己身处更加美妙的环境之中。那里景色动人，周围宁静又祥和，待在其中你会感到从未有过的放松与舒适。

现在你应该已经留意到心里冒名顶替者的那些想法了。当这些想法重复出现时，你也能够感受到自己的不适。仔细聆听不一样的想法，并辨识出自己属于哪种能力类型。它是一个"选择点"。选择点让你可以退后一步，在行动之前先问问自己想走哪条路：是跟着"我是冒名顶替者"的声音走，还是踏上另一条路，去一个更美好、更平静的地方？

一开始，新的路径难以在导航上找到，你必须关掉自动驾驶仪，用心记住这条路。这条新路走得越多，也就越容易，因为你踩下了荨麻，砍掉了荆棘。这跟对抗旧观念是一样的，一开始你会发现它难以挑战，但很快你会适应这种挑战，而最终的结果无疑值得你付出这样的努力。

你当然不会总是成功，但每成功一次，这条新路都会顺畅一些，直到变成坦途。本书后面的章节将教授你不同的策略，帮你走上通往伟大的扬升之路而非泥泞的沼泽。这些策略会成为你的割草机、园艺手套、树篱切割机，它们会帮你清除障碍，让道路变得清晰易认。除了你所能看到的新风景，我们还有其他的附加项——双筒望远镜、鲜花、宜人的微风和阳光。

告别冒名顶替综合征

走上这条新的道路之前，你必须确定自己真的决心沿着它走下去。虽然听上去很奇怪，但放手某样东西会给人带来失落感。冒名顶替综合征一直以来都伴随影响着你，它与你相伴的时间太长了，那种感觉让你觉得熟悉，甚至还给你一种安全感。而做出改变却可能让人望而生畏。有的人并不愿意承认自己错了，因为那意味着他们并未觉得自己遭受不幸。

对许多人来说，冒名顶替综合征似乎带来了一些好处：它鞭策你更加努力工作，把目标定得更高，督促你做得更好。它让你时刻保持警醒，防止你自大或自满，并会提醒你，你不能对自己的成功习以为常，万一哪天你失败了呢?

多年以来，内心那个冒名顶替者的声音让你相信，你是问题所在，而它能确保你的安全——它对你的控制是一种关怀，你不能摒弃它独自前行。而自尊心已经如此之低的你对此深信不疑。由于害怕风险太大，你不敢去做不同的事情。抱歉，我得打击你，如果这是一段相处关系，那必然是一段充满虐待的关系。实际上，你就是做这一切的那个人，你本来就是这样的人。

请花些时间思考一下你坚持自己是冒名顶替者的原因。也许你想让自己保持渺小，这样你就可以永远正确；或者，它能确保你成为最优秀的人。每个人的原因都略有不同，但请找出你自己的原因，那会帮你远离自己是冒名顶替者的念头。

想要继续前行，你就得告别冒名顶替综合征。跟它挥手说再见，让它消失在落日余晖之中；把它写在一张纸上，然后撕碎纸，把它扔掉。不管用什么方式，只要它对你管用。

改变自己的看法和观念

在努力改变自己的观念时，认识到观念的运作方式与偏见相同，这会对你很有帮助。想一想生活中你是否认识某人对某个群体持有偏见，而你认为那是不对的？

也许你这位朋友是名男性，而他坚信女人不如男人。当他看到一名女性在某项任务上做得不如男性同人时，他会说什么？我猜他会说，这更加证明他说得对。

而如果他看到某个女性事情做得和男性一样好，甚至比男性更好时，他又会说什么呢？也许他会说这是侥幸，要么她一定是作弊了，要么她没按规则办事。或许他甚至会无视她，声称自己从未看到过她。仅只一次的个例并不能说服他改变自己的观点。

那么如果你想改变他的观点呢？需要如何着手？首先，他必须得有做出改变的意愿。然后，你需要给他看很多相反的例证，与此同时，你还得拿新的观点时时提醒他，否则他的信念就会促使他否认或很快忘记新观点。

你对自己的固有看法就如同这种偏见。不管有多少新信息与之相矛盾，你都不愿意改变自己的看法。与持有偏见的人一样，你忽视任何积极的反馈，扭曲事实以符合自己的观点。当发现无法证明自己的观点时，你认为那是一次例外。而如果其他时候你仍被证明是错的，你就选择忽略事实。

你会千方百计去依附原有的观念，因此仅靠一时之功是很难做出改变的。为了让你能够更好地去看、去听，去接收新的信息，希望你在阅读的同时，也学习、运用本书接下来所讲到的相关策略和技巧。

将冒名顶替者的声音具体化

第一个策略，是将冒名顶替者的声音具体化。虽然这听起来有点奇怪，但你要明白，它并不是你的声音，而是你内心深处恐惧的声音。你越能把冒名顶替者的声音行动具体化，这个策略也就越能够成功。

你可以把这个声音想象成是个恶霸。它每天都对你说你不够好，你必须更努力地工作，你得把每件事都做到完美，并且永远都不能失败。它还威胁说，如果不这样做，那每个人都会知道你是个骗子。这个声音恐吓你，承诺要保护你的安全，而你必须按照它的指示去做事。你要知道的是：它是你的敌人而非朋友，它从不会为你着想。

如果恶霸的想法对你行不通，还可以把这个声音想象成是某个人、某种生物或是一个可笑的家伙，只要这个对象能够有助于你脱离它，让你认为它的声音不值得倾听。我的一名客户称他的声音为戈比，并把它想象成一个丑陋的小妖怪。每次当他感到冒名顶替者的声音即将冒出来，他就会大声地说："走开，戈比。"

想法并非事实

既然已经知道这个声音是冒名顶替综合征所发出来的，那么你要记住一个关键的想法：这个声音说某件事是真的，并不意味着那件事一定是真的。你可能觉得自己像个冒名顶替者，但这并不意味着你真的就是冒名顶替者。想法和感觉当然很重要，但它们只是画面的一部分，在涉及与冒名顶替综合征有关的事情时更是如此。

当你听到这个声音时，提醒自己，冒名顶替者的声音只是一种想法，它并不是事实。看待事物的观点总归不止有一种。当你因这个声音而感到不适时，提醒自己，这只是你的感觉，并不是事实本身。当冒名顶替者的想法和感觉出现时，想想其他不同解释和可能性。

问问自己：

·这样的想法有什么证据？

· 如果放到法庭上去，它能站得住脚吗？

· 还有没有其他的可能性？

· 如果这些想法是一个朋友告诉我的，我会怎么看？

· 我是否有其他经历能够提供不一样的观点？

如果你不能直接对它发起挑战，那么只需认定它是冒名顶替者的声音。不要将它看得太重要，也不要相信它是正确的。我会在书里运用不同的策略帮你做到这一点，但到目前为止，这已经是很好的起点。

寻找同类

一直以来你都认为只有你自己有这种感觉，而忽略了它也影响到其他人的事实。要做到真正相信别人跟你的感受并没有什么不同，就必须让自己能够更公开坦然地谈论这件事。别人看起来充满能力和自信，但他们有时也可能并不这样觉得，而想要明确了解到这一点，开诚布公的谈论是你唯一的办法。

自我开始写这本书以来，就一直在搜寻那些患有冒名顶替综合征的个人案例。而我发现受其影响的人竟有如此之多，他们中不乏演员、作家、歌手、体育明星及大企业家，所以你其实是全明星阵容中的一员！

请着手寻找那些和你有相同经历和感受的人。在与他人的交谈中，想办法引出这个话题，分享你的感受和焦虑，承认自己的错误，并展示自己的脆弱。如果可以的话，不妨在其中寻找一些幽默。一笑置之可以减弱它的影响力，让你感觉更轻松。这样做还会让你与他人更亲近，他们能更多地了解你。作为回报，他们也会对你敞开心扉。

放弃掌控一切

最后，当实践这些策略的时候，我希望你能记住一点：对于人生的发展方向，任谁都不能做到完全掌控。这听上去可能有点令人担忧，但请耐心容我说明。当前，你认为自己完全有责任保证一切顺利进行；而同时，你还要对任何可能的错误负责。出错时，你会责怪自己——本该能预见并阻止它发生的，本该更用心些的，并对此你念念不忘、不停计划，试图掌控一切。

为了事情能顺利进行，你付出了太多精力，承担了太多的责任，忘记了还有其他人员也与之相关，责任也应当有他们一份。另外，你还忘了，生活并不总是一帆风顺。不管你多么努力，也没有一条路是完全没有痛苦与坎坷的。为了防止错误的发生，你疲于应对，给自己带来了更大的压力。

除此以外，你也没能意识到，即使没有你一直付出超人般的努力，事情也能正常地进行，而且结果也能很好。这有点儿像杂技中的转盘子，你并不需要一直抓着那些杆子，你可以往后站，看着它们旋转。你要相信这一点，这会让你放下一直以来的重担，从中得到解脱。你不需要强迫自己去承受一切，也不需要一人承受巨大的压力。

放手当然并不意味着一切都会好起来，不过这没关系。尽管我们非常愿意去相信，但我们并不是自己命运的主人。所以停下来想一想，如果你无法完全控制一切呢？虽然你一直高高在上掌控局面，而事实上没有你一切也仍能如常进行呢？我希望你能经常这样想一想。

请记住这些关键点：

· 选择去改变你的看法——告别冒名顶替综合征。

· 两种理论：你的理论、我的理论。

· 证据是什么？

· 你想走哪条路？找到选择点。

· 将冒名顶替者的声音具体化。

· 想法和感受并非事实。

· 寻找同类。

· 放弃掌控一切。

第七章　我们要对自己有一丝同情

> 把同情心看作是黏合力强劲的砂浆，这样你才能自信地重建自我：我是怎样的人，我如何为人处世。

在本书接下来的部分，我将让你摒弃冒名顶替者的理论，并证明你只是把自己想象成是冒名顶替者。为了做到这些，我将依次探讨解析你的每一个论点。我还会介绍许多策略助你重建自信，并让你看清自己那些理论的本质：谎言。

我想探讨的第一个论点是：自我批评是有益的，是取得成功的要素，但是在实施应对策略时，自我批评会降低你的效率。正因如此，我才引入自我同情的策略。

对自己怀有同情之心是克服冒名顶替综合征的

关键，它必须是你所采取的每一项策略的核心。把同情心看作是黏合力强劲的砂浆，这样你才能重建自我：我是怎样的人，我如何为人处世。这样做会让你感觉更强大，在尝试新的策略时，才更有可能产生效果。

在找到新的自我交流方式之前，你需要了解目前的方式所存在的问题。这个过程需要分两步走：第一步要调整你对自己的评论，第二步是找到新的更富同情心的声音。

自我批评

回顾上一章的内容以及理论对比表格，想想冒名顶替者的感受意味着什么。很明显，它不允许你对自己友好。害怕失败、怀疑自我、认为自己不够优秀、追求不切实际的高标准，这些都会导致经常性的自我批评。

每个人时不时都会有一些自我批评的想法，它往往出现在某些特定的日子，还取决于你的心情以及某些事件。但当这些想法产生时，看清它们的实质——它们是阻碍而非帮助——非常重要。

自我批评会掠夺走对你最重要的东西，它让一切看起来都比现状更糟。事情进展顺利时，你仍然坚持自我批评，就已经够糟糕了，如果在犯错或者失败的时候仍然这样做，毫无疑问，你会经历一场凶残的虐待。

下面是一些你的倾向性思维和做法：

· 看待事物非黑即白，没有灰色地带。

· 反复斟酌自己的错误。

·极度害怕失败。

·总是感觉你本应做得更多。

·过度自我审查和分析。

·认为别人总在指责你，说你坏话。

为什么我们总是对自己如此刻薄？回想一下自己的经历，很有可能你从未被教导过该如何同情自己。既然你从未学过，又如何会做呢？

正如从父母那里学习语言来与他人交流一样，我们所学到的说话方式也同样决定了我们与自己的交流方式。如果你有一个挑剔的父母，总是觉得你不如别人，或者对于自己优秀与否，你总是得到不匹配的讯息，那么很可能你已经习惯并接受了刻薄地看待自己。实际上，没有赞扬与肯定，一个人很难培养起自信，也很难学会做正面自我激励、坦然接受自己的成就所必需的语言。

也许有人已经深信他们的确需要自我批评，因为那会防止他们懒惰松懈。长久以来，他们学会了用这种方式激励自己。现在一种很普遍的观点是：想要努力工作或取得成就，就需要时刻保持自我批评；要获得成功就必须经受痛苦折磨；如若不进行自我批评，你可能会变得自满、不够努力。

作为一名心理学家，在工作过程中我还没有找到任何支持这一观点的证据。事实上，我想说的是，不断地批评自己只会产生相反的效果。这种消极的内心独白不仅会让你觉得自己很差，还会让你更难实现自己的目标。

自我批评会使你面临更高的压力及抑郁风险，降低应对策略的效率。它不是激励你，而是为焦虑和自卑铺平道路。简单地说，如果你一直以不友好的方式对自己说话，那只会让你感到非常糟糕。

相比之下，有同情心的人则更能灵活应对，也更容易从挫折中恢复过来。他们更有可能从错误中吸取教训，采取措施改进自己、发挥潜能。

回忆一下你曾经历过的一场非常困难的挑战，无论它是你想达到的某个目标，一个大的工作项目，还是一次恋爱分手。是谁帮你渡过了难关？我猜那个人肯定没有对你大吼大叫，也没有挖苦你说你没用。你不妨把自己放在朋友或父母的角色上，然后想一想：你会用责备和批评来帮助和支持你所关心的人吗？当然不会。在遇到困难时，你需要的是支持，而不是训斥。

问题是自我批评的想法是最难改变的。由于大脑的进化方式使然，比起正面思想，我们会更快地接受负面思想，并且还总是专注于负面的东西。

阿尔夫上了大学，但随后意识到那并不是他想要的，于是他辍学去找了份办公室的工作。他很喜欢这份工作，但却无法认同公司的文化，于是他递交了辞呈，让自己静下心来想想自己真正想做什么。经过认真的思考，他决定步入电视行业，并设法找到了一份制作人的工作。他知道自己必须把这份工作做好。经历过两次失败后，他觉得这是他最后的机会。

在电视行业打拼意味着超长的工作时间，并很少得到表扬。老板偶尔也会表扬阿尔夫，但他对此几乎充耳不闻，因为他太专注于改进自我了。他害怕会变得自满，所以把注意力都放在自己的错误和需要改进的地方上。有几次他忘记了拍摄项目或错过了最后期限，他就对这些错误念念不忘，让自己的感觉变得更糟了。

阿尔夫非常努力地工作，他的辛苦得到了回报——在工作一年后，他被评为最受瞩目的员工。尽管他感到有些惊讶，但在内心深处，他的确很有自信。不仅如此，他相信如果他继续努力拼搏，可能会成为最好的制作人之一，但同时这也给他带来了更大的压力。虽然有时他能看到自己的成就，但内心深处，他仍然无法将经历过两次失败的那个男孩抛之脑后。

当接受新项目，跟一名挑剔的老板一起工作时，他内心的质疑声加上老板的责难声，令阿尔夫焦虑倍增，不得不停下了这份工作。就在那时他找到了我。我们一起努力，帮他培养建立起更富有同情的内心声音。

阿尔夫很快就学会了如何支持自己，认可自己的成功。他重新开始了工作，并最终取得了成功。现在的他是一名剧集编辑。

见到阿尔夫时，我很清楚他事业有多么成功，然而他的眼里只有曾经的两次失败。在我看来，他离开大学、改变职业、坚持追逐自己的激情梦想，是非常勇敢的事。我认为这是能力的象征，而不是焦虑的源头，因为在你最终决定要从事什么行业之前，尝试做几个工作是很正常的。

阿尔夫自我批评的理由其实很常见。他非常在意自己的工作，很想把事情做好。但是自我批评不仅没有帮他解决问题，还给他带来了更多的问题，阻碍了他的进步和信心。

我的工作，是帮助阿尔夫找到一个自我批评的反论据，这样他就能够看清，是自我批评阻碍了他，而不是因为他缺乏能力。

告别自我批评

请花些时间来思考下自我批评的利弊。想一想自我批评的好处，然后把它们写下来；再想一下自我批评的弊端，同样也写下来。

这些是阿尔夫所想到的好处：

· 自我批评会让我变得完美。

· 沉迷于过失，会让我学到更多。

· 如果犯了错误，自我批评将确保我不会重复同样的错误。

但如果仔细审视这些想法，实际情况却又大不一样。它并没有帮助阿尔夫追求完美，反而在他的脑海中不断重复负面的想法，本来能做好的事也担心不已，白白耗费掉时间和精力，结果只是带来逃避而非完美。

沉迷于自己的过失也同样如此。它并没有帮助克服错误，反而将错误带来的痛苦加大。它让阿尔夫无法看到，错误是生活的正常组成部分，是不可能完全避免的。

我的客户经常会说，自我批评会激励他们，防止他们懒惰。如果你也相信这个说法，那我想问问你，它真的让你更努力了吗？以批评的方式对自己说话时，你的感受如何？如果它让你对自己感到害怕或不满，那么你其实很难因此产生前进的动力。

同样值得三思的想法是：没有自我批评，人会变得懒惰。停止自我批评并不意味着你就会自动开始松懈。本身积极性很高的人（比如你）如果对自己友善一些的话，仍然会保持这种积极态度。你不会突然失去一切动力，变得无所事事，也不会每天只是看电视，吃比萨。

以下是阿尔夫想到的自我批评的弊端：

· 它让我放弃更大的目标。

· 它让我感觉很差劲。

· 它会占用我太多时间。

· 它会让人丧失动力。

· 它消磨我的精神意志。

· 它无益于事情的进展。

· 它让我成就的一切都大打折扣。

· 它意味着我看不到事情中好的一面。

· 它令我错误地看待自己的成就。

· 它让我感到愤怒。

· 它让我感到痛苦。

· 它没有解决问题，反而让一切变得更糟。

· 自我批评是个恶棍。

· 它让我恐慌多虑。

· 它让我害怕人们不喜欢我或不在乎我。

· 它让我对自己和自己的能力感到不自信。

只要看一下阿尔夫的这个单子，就能确定自我批评并非像人们以为的那样，是动力的来源。

批评与同情

你不妨这样来看：如果你正为新的健身目标进行训练，需要选择一个教练，为了达到最好的结果，你会选择下面哪一个呢？

教练 A 每次训练都对你大喊大叫，说你懒惰、没用、垃圾，活着是对时间和空间的浪费。她会说，你永远也达不到自己的健身目标，更别说实现点别的东西，解决个什么问题了。课后她还给你打电话和发短信，说她对你很失望，并提起你在上一次训练中出现的失误。

教练 B 首先欢迎你的到来，并说她很期待今天能和你一起训练。她向你描述在你身上注意到的所有进步，着重突出了你的强项，同时也指出需要改善的领域。教练 B 提醒你，有些动作比较难，有些动作比其他动作更具挑战性，这些都是很正常的。她帮助你审视自己的长处，并向你展示如何在其他领域运用它们。她鼓励你正视自己的短板，并让你尝试以不一样的方式接近目标。课后她也会给你打电话和发短信，鼓励你坚持下去，让你放心，因为你做得很好。

一想到教练 A，我就觉得压力很大。我宁愿躺在床上也不想跟她一起训练。另一方面，B 教练却让我想尽自己最大努力去参加训练。她激发了我的自信，一想到她对我充满信心就感到很温暖。

当然，教练 A 代表了自我批评。很明显，这个人会让你更难达到自己的目标。即使你达到目标，整个过程也会非常不愉快。不难看出，这种方式并不能起到很好的激励作用，而是让你感到自己很差劲。

长久以来，我们一直认为，自我批评有助于达成目标，而事实上，它起到的作用恰恰相反。虽然自我批评是你自己内在的声音，并不是外界的某个人，但它导致的结果却跟来自外界的批评完全一样。

最后，请问问自己这些是否真的是成功的要素。或者我们更进一步，问问你为什么渴望成功？成功会令你感觉良好、快乐，让你自信，那么批评是否能带来这些？我希望对这个问题，你的答案是一个巨大的"否"。

教练B的方式更富有同情心，不难看出这种方式是行之有效的。请把同情心视为生活中的基本要素。同情能够教会你用仁慈而不是批判来支持和激励自己。那么同情心到底是什么呢？

选择同情心

诊疗过程中，当我跟人们第一次谈到同情心时，他们看上去有些困惑，有人甚至露出无法相信的表情。在我看来，对于自我同情的想法，很多人都持消极态度，因为自我批评对他们的影响太大了。自我同情与自我批评，就像两块磁石一样展开对决。

你被冒名顶替者的声音洗脑了，它最主要的影响策略就是自我批评，它不希望你哪怕有一丁点儿同情的想法。因为它知道，一旦你对自己抱有同情心，批评就会丧失在你生活中的关键位置，并最终失去所有效力。如果不是它施行的恐吓策略，你早就能够聆听到不同的观点，摆脱掉冒名顶替者的声音对你的强烈控制。同情心是自我批评的克星。

　　我认为大多数人误解了同情心的本质。对自己有同情心和对他人有同情心没有什么不同。痛苦挣扎时，记住我们并不孤单，是非常有帮助的。没有人是完美的，我们都会犯错，感到压力或悲伤是正常的。难过和痛苦是人生的正常组成部分，它们只是对生活中某些事物的反应。

　　克里斯汀·娜芙博士是研究该领域的先驱，她将自我同情定义为三个主要组成部分：

　　1. 认识到自己正处于压力或挣扎中，不会评判或过度反应；

　　2. 当感到难过和痛苦时，要支持、理解、和善地对待自己；

　　3. 记住每个人都会犯错，都会经历某些困难时刻。

　　富有同情心意味着以一种和善而不带批判的方式善待自己，并勇敢、坚强、公正而明智地进行思考。这些都是让你感觉良好的核心要素，如果想在生活中获得最好的改变机会，这些要素很重要。

　　同情心绝对不是柔弱和软绵绵，也不是让你摆脱困境的方式。它并不代表自怜自艾、自我放纵，为不良行为找借口；也并不意味着凡事都只往好处想，只关注事情的进展，而忽略所犯的错误。

　　同情心意味着认可那些证明我们优势和进步的具体事实，同时找出需要改进的领域。这意味着我们要对自己的行为负责（即使那是坏的行为），并要接受生而为人，孰能无过的事实。它使我们能够更好地看清事物，并令我们避免陷入重复的破坏行为之中。

　　自我批评和完美主义思维会导致压力、焦虑和抑郁，而同情心则是对抗它们的完美解毒剂。自我同情会激励我们在生活中做出必要的改变，让我们避免不断地审查和批判自己。我们需要它，不是因为我们一文不值或不够优秀，而是因为我们关心自己，理应以舒心和理解的方式来驾驭人生的起伏。

　　我有位名叫贝拉的客户，当我第一次跟她提到同情心这个词时，她脸上出现了几乎是厌恶的表情。她成长在一个隐藏自己的感情、不知同情心为何物的家庭，因此她学会了忽略自己的情感，对于生活中遇到的困难，总是采取"振作起来"的态度。

　　在第一次的会面期间，她甚至没有意识到她描述自己的方式是多么糟糕。她的自我批评有时会达到惩罚的程度，这让她产生了一种潜在的焦虑，而这种焦虑又渗透到她所做的每件事中。那就像是个打地鼠的游戏。她刚刚告诉自己要坚强起来，焦虑就会在别的地方爆发。尽管有大量反证，但她从来不觉得自己过得很好。

　　随着时间的推移，她越来越了解同情的含义，并亲身进行尝试。不可否认，它产生了积极的影响。克服过去那种自我批评的习惯性反应需要很大的决心，但通过不懈的努力，她做到了。她自信心提高了，对自己也更友善了，也因此而变得更善解人意。她的焦虑感也随之减轻，这让生活中的每件事都容易多了。

　　自我同情心是每个人生活中都需要的东西。大量的研究表明，它能让人更加幸福、乐观和感恩。一旦更多地尝试自我同情，你会更加努力地实现一个目标，在这个过程中，它还能让你对自己感觉更好，帮助你减轻压力、平息自我批评的情绪。当自我批评的声音变得小一些时，你会发现接受并处理错误和失败会更加容易。它有助于你从挫折中恢复过来，提高自我价值，变得更能接受自己。

　　试着与自己和善地进行对话，在完成每个策略的过程中，记得给予自己表扬和鼓励。想一想与自己不同的对话方式会有怎样不同的结果，你又希望以什么样的心情度过一天，做出你的选择。

自我同情的两个步骤

　　现在你应该对自我批评的破坏性有了很好的认识，也开始准备同情、认可自己。尽管有很多惊人的好处，但对大多数人来说，自我同情并不是自然而然的，它需要付出时间和努力。刚开始时还可能会感到不舒服。为了帮你把它融入自己的生活当中，请尝试以下这两个步骤，并确保把它们坚持下去。你尝试得越多，它就变得越容易。

第一步：留意你对自己说的话。

　　自我批评阻碍了同情心的产生，所以我们得先摆脱掉它。在升级与自己交谈时使用的话语之前，首先要知道当前所使用的话语。把内心说你一文不值的那个声音想象成是脑海中的广播电台。你得把音量调低！

　　留意一下你是如何跟自己说话的。通常会是这样的："你真没用。事情做得真差劲。那位女士觉得你很可笑。你连话都说不顺溜。你今天一看就不专业。你永远不会升职。没人会尊重你。"这种声音可能会自动出现，我们甚至意识不到在对自己说这些批评的话。

　　如同你对待冒名顶替者的声音一样，试着将自我批评的声音具体化，因为这两者非常相似。你可以把它当作是另一个戈比、汪汪乱叫的狗、憔悴的女巫或是某个喜剧人物，只要它能帮你意识到，那不是你真正的声音，你不必听从它。

·留意你对自己所说的话。你的语气如何？仔细聆听那些认为你是问题所在或是你不够优秀的说辞。

·这是谁的声音？如果你能辨认出声音的主人，你还想听这个人所说的话吗？你会重视这个人对其他事情的建议吗？我希望你的答案是否定的。

·这个声音是否真如它假装的那样有用？将其中一些话写在纸上。问问自己：我真的愿意这样跟自己说话吗？

·当发现又在自我批评时，试着停下来问问自己：这样说自己，准确吗？

·敞开心扉迎接所有的机会，这样你才能看到自己真正的能力。

第二步：为自己找一个新的声音。

用新的方式对自己说话很难，一开始你可能会感到有些尴尬，但这是正常的。我只要求你试一试！好消息是，一旦你开始关注自己身上好的一面，你的大脑也会渐渐地把注意力集中在这些积极因素上。这就好比你想要买辆新车或买个新包的时候，你会发现到处都是它们的身影。这并不是说它们突然间变多了，而是你被它们所吸引，所以你会一直不自觉地寻找他们。

想想你认识的某个极富同情心的人的说话内容和方式，或者回想那些曾以充满同情的方式激励你完成某事的人们，他们说过哪些有帮助的话。这些人可能是你的祖父母、某个鼓舞人心的叔叔、工作上的某位导师或是一个你钦佩的知名人士。想想他们对你说话时的语气，以及他们是如何支持、鼓励你的。这会让你在脑海里呈现出他们的形象。

他们是善良、温柔、善解人意的吗？他们是否支持你做得更好？他们是否鼓励你、相信你的能力？

现在想一想如何利用这些想法在你脑海中创造出一个更积极的声音。例如，假设你做了一场演讲，而效果却并不如预想中的好，不要急着自我批评，试试新的富有同情心的声音。对你内心那个挑剔的声音说："我知道你很生气，但你这样对我并没有帮助，只会让我感觉更糟。"尝试重新审视所发生的事情，"今天的事情真的很难，而我已经尽力了。"每个人在做演讲时都会感到紧张，所以不妨对自己说："我不是唯一感到紧张的人，只要多做练习，我就会越来越好。"最后，你可以找某种方式来善待自己。例如，用最喜欢的马克杯为自己冲一杯热茶；轻抚手臂或做几次深呼吸。

当你尝试运用本书中提到的所有策略时，我希望你能承诺使用富有同情心的方式。

· 如同善待他人一样善待自己。

· 对自己在语言和行为上都要充满善意。

· 花时间思考生活中哪些方面进展顺利及其原因。

· 对自己的行为负责。

· 直面生活中不可避免的困境。

· 记住生而为人意味着什么——没有人是完美的，我们都会犯错。

· 接受真实的自我。

· 鼓励并相信自己（一开始可能会感觉有点奇怪！）。

下一步

到现在，这一章已经坚定地驳斥了自我批评是有益的观点，并说明了同情才是更好的方法。这又在你冒名顶替者的观念上砸出了一条裂痕，这样一来你就能够慢慢松手，不再像以前那样总是紧紧抓住它。

当你的论点被依次推翻时，另一块拼图出现了，就如同拼图游戏一样。你拥有的拼块越多，就越容易看到你真实的样子，从而改变你对自己的看法。而等到你拼出了大部分的画面，就真的能够看到我所说的是什么了。

如果你还做不到完全同情自己也没有关系。在本书接下来的部分里，我会介绍更多的策略来强化自我同情，战胜自我批评。你需要抛开自我批评，让这些策略能更好地起作用，但同时你也会发现，你需要一些策略来建立和提高同情心。自我同情的运作方式有一点儿像先有鸡还是先有蛋的问题；当你对自己感觉更好的时候，它也会更容易做到，这样你实施起其他策略来也会变得更容易。

首先，我只要求你能做到，每天醒来时，有意识地要求自己使用自我同情。我希望在读完本书的剩余部分后，你在做任何事情时都要带上自我同情。这将给你更好的机会来理解我的理论，并在这些新看法上重建自己的观点。是时候相信你自己，相信你的能力了。

下一步的任务是解决安全感缺失和自我怀疑。

第八章　每个人都会自我怀疑

当感到有些力不从心或不自在时，你通常不会认为那是种正常感受，而是直接得出自己是个冒名顶替者的结论。

现在你已经告别了自我批评，并将同情心引入了自己的生活，下一个我希望帮你解决的问题是：自我怀疑。回顾一下第二章中的相关内容，你会记得当处于不确定的情境中时，我们会很自然地产生一种恐惧感，随之而来的是自我怀疑所带来的不适，并对自己产生一系列疑问，例如，"我能做到吗？""我了解的够多吗？""我能跟预期中做得一样好吗？"

想想冒名顶替综合征是如何运作的：好像你的大脑没有跟上你的新身份，而确认偏误又让你无法改变对自己的看法。所以当感到有些力不从心或不自在时，你通常不会认为那是种正常感受，而是直接得出自己是个冒名顶替者的结论。这也意味着你没有给自己机会建立信心，而自信正是自我怀疑的解药。

极端的自我怀疑会产生一种自卑、犹豫、脆弱的混杂情绪，而这会造成严重的问题。你质疑自己是否足够优秀，拿着放大镜仔细审视你所做的每件事，对每种情况和决定进行过度分析，并不断琢磨是否可以做得更多。你觉得其他人都对自己所做的事了如指掌，这种想法让你感到更焦虑，从而导致你陷入过度工作或逃避的循环。

不要把这些想法看成是恐惧，而是把它们当作事实，你要相信它们，并想象如果自己要承担一项任务，就应该有十足的信心。因为有不安全感就代表着你是冒名顶替者。为了反驳这个说法，我将挑战以下观念，即除了你，其他人都信心十足；生活当中我们每时每刻都应该感到有信心、有能力；我们每天都应该心情舒畅。

然后，我将带你一起研究如何运用自我怀疑的好处，并将它们转化为你的优势。

自我怀疑意味着我是冒名顶替者吗

冒名顶替综合征的核心是害怕自己不够好。可能你不会一直有这种想法，但一旦它冒出来，你就会严重怀疑自己，质疑自己的能力，并有极大的不安全感。为了控制这种恐惧，你认为自己应该总是表现得有能力、称职和成功。这意味着你总是觉得需要证明自己。

而一旦没能看到或感受到自己的能力或成功，你就会得出自己是冒名顶替者的结论。你怀疑自己的价值，并错误地认为，真正有实力的人从不会自我怀疑，也不会有不安全感。在你看来，其他人都能掌控一切，这证明他们有能力，而你没有。

自我怀疑的确可能会引发这些恐惧，但认为其他人不会有这种感受，这种想法本身就很成问题，在这一点上你完全错了。

谁会永远信心十足，从来不担心别人的看法？如果你能读懂周围人的思想，那么很可能会被四面八方涌来的不安全感所淹没。我们用严格的标准来比较、审视和评价自己，这并不是一种病态，而是因为我们都是有感情的人，自然而然会因事物的影响而产生各种情绪。事实上，如果有人认为自己无所不能，我会更加怀疑和担心。那些声称自己从未有过自我怀疑的人，问题才大呢！

每个人都会有不同程度的自我怀疑。没有人真正知道自己在做什么！你要问我为什么会知道？因为自我怀疑是作为一种进化的保护机制根植于我们体内的。

不安全感和自我怀疑的进化起源

从进化的角度来看，不安全感和怀疑是早期人类为了生存而采取的"小心总比遗憾好"策略的一部分（跟恐惧有点像）。而一个高度警觉的威胁探测器会在很大程度上让人类避免过早遭遇死亡。鉴于自我怀疑的优点大于缺点，它得以一直保留在我们的身体机制之中。自我怀疑和不安全感提高了人类的自我意识，使得我们可以预见和克服潜在的问题和威胁，令我们的人际关系得到更好的发展。

它的作用是提醒我们注意危险，即它能让我们扫描环境中潜在的威胁，以便能够预见问题，避免事故和伤害，并使我们在面对新的人、地点或事件时保持谨慎。自我怀疑还帮助我们判断什么能做，什么不能做。如果人类完全无畏的话，我们将是进化的怪癖，而不会是优势物种。

不安全感还有利于建立、维护人际关系。我们是高度社会化的人，早期人类需要生活在一起，以族群的方式求得生存，如若脱离族群则可能会导致死亡。这意味着我们对融入社会有着深刻的需求——积极的社交互动会让我们有成就感，而消极的互动会令我们感到受伤害。在长期稳定的关爱环境中保持与同一群体的积极互动是人类的基本需求，归属感是自我发展不可或缺的一部分（回忆第四章里观念是如何形成的内容）。

对归属感的渴求意味着理解他人是必要的生活技能。为了能做到这一点，人类的大脑，特别是新皮质，比其他灵长类和哺乳动物要大得多。新皮质是大脑中参与更高社会认知的区域，它不仅负责管理意识型思维、语言、行为，还负责调节情绪、情感共鸣以及培养我们的心智。它使我们能够理解他人的感受和意图，意识到拥有不安全感是有一定好处的。

随着不断进化，人类必须拥有自我意识才能成功：我们必须躲避敌人，建立有力的同盟，找到合适的伴侣，如果判断失误，就可能危及性命。心中怀有一点儿不安全感，使我们能够与他人融洽共处，安全地留在群体当中。

对归属感的需求现在仍然是我们生命中的一部分，而人际关系也仍然是我们健康和幸福的关键。研究表明，缺乏社会支持和吸烟一样对人的健康有害。与社会隔绝会增加疾病和早逝的风险，而充满温暖和支持的人际关系则对健康和长寿非常有益。社会联系很关键，因为人际关系赋予了我们生活的意义和目的。

没有人会一直感觉良好

生活之中，每个人自我怀疑的程度各有不同，它会根据当时的环境、心情、跟谁在一起而产生正常的高低变化，并与我们所做的事以及对自己的看法息息相关。当你感到自信的时候，不安全感也会随之消退；而一旦你感到不自信，它就会重新抬头。

冒名顶替综合征患者认为，他们应该始终加倍努力，保持最佳状态，在所有领域都要表现出色，这样才能被认同，才会让自己感觉足够好。但事实是没有人能够在生活的所有领域都做到游刃有余。人生中难免有起起落落，无论境遇如何，一直感到快乐和自信是很奇怪的。拿我自己来说，由于工作性质的原因，我知道非常多令人感到快乐的策略和技巧，但也仍然做不到每天早上一睁眼就笑容满面！

尽管我们一直追求良好的感觉，但生活并不总是简单的。有时候我们会忘记自己所有的情绪都是正常的。每个人都会有压力、焦虑、易怒或不安的时刻，因而自然会产生情绪上的波动。感受到各种各样的情绪是完全正常的，我们之所以会体验到如此之多的情绪，是因为它们都是必要和有用的。

所谓的消极情绪和积极情绪一样，在认知和理解事物上都是至关重要的。不管一个人的性格观念有多积极，也无法做到云淡风轻、毫无波澜地度过一生。

另外记住这点也很重要：有人总是面带微笑，给人感觉非常自信，但他们可能并没有表面上那么自信。

卢克经常拿自己跟他人做比较，想知道自己该如何做，才能像别人一样好。同事们看起来都非常自信，而他却恰恰相反。每天他都担心人们会透过假象看穿他，发现他所做的事情没有什么实质内容。

开会的时候，他担心别人会觉得自己很笨。他觉得其他人都能掌控局面，镇定自若，他们从没有过跟他一样的恐惧。

卢克认为，唯一能帮他摆脱这种感觉的方法就是升职，因为至少到那时他会知道自己擅长做什么，而这会让他的心情得以放松。他的老板看上去就很自信，卢克希望自己能更像她。

其他人的成就与努力加剧了他的不安全感。为了不断证明自己，他长时间地工作，为自己设定更高的目标。他拼命工作，读更多的书，做更多的研究。他的努力得到了回报：他在考评中获得了很高的分数，并且升职了。

升职意味着有了与老板进行更密切合作的机会，他负责帮她整理演讲稿并总结重要会议纪要。而直到那时，他才看到了老板的另一面以及她真正的感受。每次在会议上和演讲时，老板都显得游刃有余，但结束后她却会问卢克："我做得怎么样？你觉得如何？我的演讲听上去还好吗？"卢克看到老板不像他认为的那样自信，这让他感觉好多了。但他仍然像以前一样尊敬他的老板，也许反而更尊敬了。这件事让他确信自己可以做得很好，即使一开始并没有那么多信心！

看到他人的自信，不安全感会加剧，因为那会让你认为其他人没有同样的担心、恐慌和不安。而事实上，别人并非你想象的那么不同，正如卢克发现的那样。非常自信的人有时也会感到不安，他们只是完善了给人留下自信印象的能力。就好比你看到天鹅轻松自在地游过水面，却没有看到水面下它们不断用力划水的脚。

其实仔细想一想，别人也会以同样的方式来看你：外表平静、自信，成就多多，拥有他们梦寐以求的一切。所以下次当你又开始担心的时候，提醒一下自己，你所感觉到的并不是别人看到的——你也如同那只天鹅一样。

根本没有成年人

在你还是孩子的时候，你会想象自己长大后就变得无所不知，并且能理解生活的真谛。在我看来，这些期望会渗透到我们的观念之中，即作为成年人，我们应该把所有事情都整理清楚，永远不要感到自我怀疑。这种认为我们应该随时都有能力胜任一切的想法可能会造成另外一个问题。

想想自己扮演的所有不同角色——员工、父母、同胞、朋友，如此多的角色很难让它们保持平衡。可能你在公司里身处高位，但无暇顾及孩子在学校的日常；也可能你是当地慈善机构的主席，但却忽视了与年迈父母的联系。这让你怀疑，你是否真的跟别人眼里的你一样。只要有一点儿感到力不从心，你就会想，如果人们真的了解你，就会对你有完全不同的看法。

这样做忽略了一个事实：在不同的情况下表现不同是正常的。我们在公众面前会呈现出一个与私底下略有不同的自我，以满足社会期望。一定程度的融入是必要的，我们应该隐藏自己的弱点，尤其是在那些不太熟悉的人面前，但这并不代表我们是骗子或是在演戏。

每个人都会看到我们的不同的一面，这取决于我们与他们的熟识程度。比如我，身兼母亲、妻子、临床心理医生、作家、朋友、姐姐、女儿等一系列角色，工作中的我会比家中的我显得更加专业，而能够全面了解我的只有我的丈夫和孩子；跟好朋友聊天时我会很坦诚，而跟新朋友说话时我会斟酌一下语句；孩子们的老师看到的是我的一面，跑步俱乐部的人看到的是我的另一面。为了适应不同的人群，稍微改变一下自己是很正常的。你只需留意一下自己改变的量度，并对自己是谁做到心中有数，不至于失去自我即可。

没人能做到面面俱到。仅仅因为你没能熟知孩子学校的日常，并不代表你不是一个好的首席执行官。在不同的环境中，你可能会呈现出很多不尽相同的面孔，但它们是可以共存的。有时你会感到混乱和失控，但这不妨碍你是优秀的员工或好的儿女；有时你会感到疲惫、脾气暴躁，但你仍是一个好的伴侣或朋友；也许女儿的袜子没脱你就开始给她洗澡（像我一样！），但这也不妨碍你仍是个好母亲。感觉不好或者力不从心并不代表着你不称职，它只是说明你是人类。

如今我快 40 岁了，年轻时我曾把这个年龄定义为"老年"，但真到了这个岁数时，我并没有觉得自己和 20 岁时有什么太大的不同。你会突然意识到自己是成年人了，期间没有什么伟大的"惊人"时刻让你留意到这种转变。我的生活其实发生了很大的变化，但是这些变化都是慢慢发生的，慢得几乎注意不到。它不会一夜之间忽然跳出来，而是缓缓渗透进你生活的各个方面。而很快你就发觉成年人仍然会感到脆弱和不安，但随着时间的推移，你又会逐渐明白，这并不是一种软弱，而是一种力量。

相比起害怕，你更应该坦然地让自己示弱。只有接受自己的全部，才能与自己舒适地相处。想想你最亲近的人，他们会和你分享自己的不安和恐惧吗？他们这样做的时候，你是如何看待他们的？

对我来说，分享生活中遇到的挑战，承认生活有时是艰难的，这样做能让我们更容易相处，更讨人喜欢。而相反，对于似乎无所不能的人，大家却都有一点儿戒心。因为这样的人总是展现出一副坚不可摧的形象，让人望而生畏，因此很难与之亲近。在进化过程中，人际关系变得对我们非常重要，因为感受到与他人的联系和亲密会使生活更有意义。所以对于真正关心你的人，请不要隐藏自己或刻意疏远。

你需要把各种不同的自己放在一起，看到它们能够在你身上融洽共存。没有人在每个领域都能拿到满分，我们都有感到拿不准的时候。你不必按照固定的人设而被世人所接受，做到真正相信这一点时，你会感到难以置信的自由。你需要意识到，正是我们身上不同的特性和缺陷才使我们成为富有生命力的人类个体。有时，缺陷也正是我们力量的来源。

如果你向别人敞开心扉，就有机会听到不同的观点。我们都在人生的舞台上即兴发挥表演自己的角色，认识并接受这一点本身就有点可怕。

不安全感和自我怀疑的好处

很明显，怀有一点儿自我怀疑会令我们从中获益。如果没有某种程度的不安全感所引发的谨慎态度，人类不会在地球上得以生存延续。不难看出，适当的恐惧或犹豫是正常的健康情绪，它有助于增强自我意识。当你意识到，怀疑的产生是你大脑中的问题中枢在问你，做某事是否可以的时候，你会发现抱有一丁点的自我怀疑其实是很有帮助的。对于你所做的事情，它能够提供一种检查和思考机制。些许的自我怀疑会促使我们谨慎行事，留意那些可能使我们误入歧途的潜在问题，并计划如何克服这些问题。而另一种方式——过于自信、缺乏谦逊——则可能会对我们的工作和人际关系造成损失。

想一想人类的进化历史，就能够理解为什么我们会如此在意自己的人际关系和别人对我们的看法。这是一种善意的提醒：我们的人际关系需要我们的关注、爱心和包容，它还会帮助我们观察与他人的互动，确定如何与他人更好地相处。当你意识到自己的脆弱时，也更容易与他人产生共鸣；而如果过度自信，则更有可能跟他人变得疏远。不安全感让我们谦虚、感恩，并珍惜我们所拥有的。

不安全感和自信并不是分开的，而是交织在一起的。从认为自己会成功到感觉自己会失败，这样的高低起伏是很正常的。自信和不安全感更像是一个循环，彼此之间相互接纳和引导。

PART 2
自认冒名顶替者的你

　　自我怀疑会促进自我完善，那往往伴随着责任心、高标准和强烈的职业道德。而过度自信的人看不到这些因素的必要性，因而并不具备它们。不确定性——自我怀疑的另一部分——表示你认识到自己还有更多东西要学。这促使你成长和改变，对于保持良好的心理状态和提高自尊非常重要。

　　适度的自我怀疑是个人成长和取得成就的要素。克服不安全感、解决问题会增加你的信心，当反思和坚持自己所做的事情时，如果相同的感受再次出现，你可以拿这一点作为安慰。取得成功时，驱动你的不安全感可能会减少，但它不会真正消失。如果能够把它视为自信的一部分，并找到正确的前进方向，你会更容易与之和平相处，并引导它成为对你有利的工具。

　　一旦有了不安全感或自我怀疑的苗头，请提高音量，找到你自我同情的声音。现在，是时候摆脱那个假扮大人的孩子形象，坦然接受自己的能力了。要安慰自己说，你需要去习惯不自信的感觉，并学会如何去驾驭它。一定要坚信，别人也同样会有不安全感，没有人无所不知；你可以用这一点来挑战自己的冒名顶替者观念。

自我意识

　　适度的不安全感会使你保持健康的心态，而过多的不安全感则会为你带来问题，这两者之间的界线并不十分清晰，需要运用自我意识来避免出现二者的混淆。自我意识会让你带有些许忧患意识去为人处世，而不是完全被缺乏安全感所困扰。自我意识意味着你了解你自己以及你的优势和局限，这样你就更能自信地知道，什么能做，什么不能做。本书中会介绍很多策略来帮助你提高自我意识，识别你的优势，更好地了解你自己。但一开始最简单的做法就是每天做反思练习。如果你还没开始这样做，那么现在是时候准备个笔记本或在手机上做记录了。

自我反思

反思是一件非常重要的事情。它能够帮助你更好地了解自己、改善心情、从经验中学习并促进个人成长。反思的好处在历史上一直为哲学家和精神领袖所认可，许多改善幸福感的心理辅导方式都以此为基础。

无论是花时间去想一下正在发生的好事，还是生活中所遇到的困难，又或是花五分钟来收集自己的想法并写下来，反思自己的生活都是很重要的。看清自己身处何处，又将去向何方，是非常好的体验。这样做可以让你能从容应对生活中的困难和期望并做出改变，同时帮你看到进展顺利的事情以及你在其中的角色，这样你就能更好地了解自己，并进一步提高自我意识。

我们可能更倾向于要避免消极情绪，如沮丧、愤怒或担心等，但你不应该害怕它们。努力忽视困难的经历和感受并不会让它们消失，这就像把它们放在一个很大的口袋里，你可能不会轻易看到它们，但却仍然时时刻刻背负着它们。往口袋里装得越多，你的负担就越重，压力也越大，最终受这些消极情绪影响的时间也会越来越长。

这看上去似乎有违直觉，但直面难过的情绪是克服它们的最好方式。反思可以帮助你打开口袋，提高应对能力。这样做不仅仅是因为写作有助于平复情绪，还因为它能够让情感得到表达，并从过往中学习到经验。

当事情进展顺利时，反思也同样非常有用。请确保自己也花些时间去反思好的事情，而不是马上去做下一件事——这将帮助你更好地认可自己所做的事情，并极大地帮你建立通往成功的自信。

请记住：

·如果你没有一直感觉 100% 的自信，这不表示你就是冒名顶替者。

·为了评定自己是否"足够好"，请谨慎设定对自己的期望。

·接受自我怀疑，把它看作是对你不足之处的友好提醒。

·过度自信才成问题。

·人有时会感到不自信，你要学会习惯于此，并学会在这种感觉中找到出口和方向，有所不知、有所不能是很正常的。

第九章　追求完美对你的伤害

> 放弃对完美的执着，不
> 代表你不在意或是不想追求
> 成功。

完美根本不存在。

完美根本不存在。

完美根本不存在。

完美根本不存在。

完美根本不存在。

完美根本不存在。

完美根本不存在。

完美根本不存在。

完美根本不存在。

完美根本不存在

看看白纸黑字写出来的这句话，把它铭记在脑海里。如果一直以完美为目标，那么注定会失败，因为生活中没有什么是完美的。如果你的能力类型属于完美主义者或超人，那么尤其需要密切关注本章的内容。

如果你足够努力，做得更多、更好，完美似乎是可能的，但它真的如海市蜃楼一般，看上去栩栩如生，实际上遥不可及。你努力让自己接近这片美丽的绿洲，但等到达那里时会发生什么呢？你什么也没看到，它又出现在了更远的地方。一旦开始追求完美意味着你就永远不能停下来稍有放松，享受你已经取得的成就。它会让你感觉不到满足，让你低估自己已经拥有的一切，觉得所有这些还不够。

为何自己总是感到不安分和不满足？你没有注意到心里的这个疑问是你追求完美的动力，而是这样想：如果达到了更高的目标，得到了升职，取得了更好的成果，到那时你自然就不会有这个疑问了。鉴于此，你牢牢盯住那个可望而不可即的地方，对于过程中的经历和学习丝毫不予理会。

一旦设定了不可能实现的目标，你就总是会感觉自己不及格，再加上你的个人评分系统——"任何不完美的结果都等于失败"，于是无论何时，你都只能得到零分。即便你成功了，你也会很快将它忽略掉，"这没什么大不了的"，"它说明不了什么"。如果你把自己的标准定得高到难以企及，并且还不断地想要更多，那么无论你多么成功都不会感到满足。

如果你实在无法否认自己的成功，又会发生什么？到时你的借口会转移到另一个问题上：背负这额外的压力，我该如何一直保持水准？"可能我做得是不错，但我怎么才能一直这样好下去呢？"这时困扰你的不再是能力问题，而是害怕自己不能维持成就的担忧。

许多人一开始有着合理健康的理想和目标，追求真正想要的东西、通过考试、找到一份新工作，但在这过程中的某个时刻后，压力忽然开始加剧：非常专注并遵循于日益严苛的时间表时，你会忽略掉其他的一切，关注的焦点往往全部在你自己身上。你设定了标准，并且暗示自己如果你达不到标准，你就会令人失望。然而，你的标准是不可能达到的，这仅仅是一种自我折磨的生活方式。

你想要的东西似乎长了脚，它们永远在下一个山顶上。玛蒂尔达太熟悉这种感觉了。

玛蒂尔达一直渴望进入戏剧学校。她知道竞争很激烈，并不敢奢望自己能获得一席之地，所以当得知自己被录取时，她非常激动。第一天，她感到很兴奋，但当她到达那里环顾四周时，她吃惊地发现其他人都是那么聪明。她心里想："可能我的确能上戏剧课了，但这也说明不了什么，除非我能拿到好的角色。"她发誓要尽可能努力地工作，给自己争取最好的机会。

她每天早上7点准时去健身房，上午8点30分到晚上8点30分是各种课程和训练，结束后回去准备第二天的食物，然后上床睡觉。每周有五到六天她都恪守这个时间表，而得来的回报是第一场演出的主角。演出结束后，大家都来跟她说演得非常出色，而玛蒂尔达满脑子想的却是她在第二幕时把台词背得一团糟。她知道其他人说她棒只是出于友善客气，不然他们还会说什么？不管怎样，她可能再也不会被选中出演角色了。

在戏剧学校的时光过得飞快，一转眼玛蒂尔达已经毕业开始找工作了。当收到一部电影邀约时，她简直不敢相信，但她仍不让自己享受成功，而是开始想，剧组里其他人都比她经验丰富，她在现场应该尽量低调少出头。不管做得多好多成功，她都不应该觉得满意。

朋友们都想为她庆祝一下，而玛蒂尔达并没有感到高兴，反而泪流满面。她向他们坦承了自己的恐惧和压力。她最好的朋友对她说："想象一下，假如告诉18岁的自己你现在所做的事，她会怎么想？"这句话让玛蒂尔达大吃一惊。她记得，自己18岁的时候会不惜一切代价去做她现在所做的事情。那一刻，她终于看到自己在寻梦路上已经走了很远。

完美主义的执念

完美主义与自我意识交织在一起，通常是努力试图纠正或改善一种不够好的感觉，很多冒名顶替综合征患者都认同这一点。成就会带来安全感，它让你感觉良好，觉得一切尽在掌控，并有助于你更好地融入外部环境。完美主义源于你无法将自己的身份与成就脱离，而它又驱使你隐藏起这种成就感。这使得我们很难摆脱它的控制。

虽然短期内它可能会对你有所帮助，但长远来看，这种追求完美的动力会滋生你的不安全感，迫使你过度工作或逃避问题。

如果没能成功，你不仅会对自己的所作所为感到失望，还会为自己的身份感到羞耻。具有讽刺意味的是，完美主义此时又变身为一种防御性策略来避免羞耻感的产生——如果你是完美的，你就永远不会失败；如果你永远不会失败，也就不会再有羞耻感。这形成了一种恶性循环。因为达到完美是不可能的，因而追求完美注定是一个自我挫败的过程。作为一个人，你有多好并不是由你能做多少事情来决定的。

然而，完美就像易成瘾的药物一样充满诱惑，它告诉你，完美会让你感觉更好，只有完美才能带给你这种美妙感受。开始你只是随意尝试了一下，可能在工作中给自己定了个很高的标准，但随后对它的瘾症就进入你的血液：成功让你感到兴奋，战胜困难、掌控一切让你感到无所不能，这些让自我价值感和成就感得到强烈迸发。

一旦尝到完美主义的滋味，它就会渗透到生活的方方面面。你强烈地感到自己必须不断追求卓越，必须努力保持在工作、家庭、人际关系和外表上做到最好。最初，追求完美让人感觉不错。如果你恰好擅长自己所做的事，那么你会得到很多积极的回报，通常经济上和自我感受上都是如此。然而，即使结果很好，这种感觉也非常短暂，幸福感很快被一个熟悉的问题所斩断。接下来是什么？你努力得来的成就感瞬间就被削弱。

不多久，你就开始希望自己的整个人生都是完美的，而一旦出现任何不完美，你就感到非常失望。承受太多会带来持续的压力感，你会殚精竭虑地想要做到"足够"（这是个不存在的衡量标准）。为了保持自己设定的水准，你的生活变得越来越寡淡无趣。你的视野变得狭窄，要求每件事都必须井井有条：精确工作时间、严格平衡饮食、健身、太晚不喝咖啡、确保足够睡眠……总之要努力控制好一切。

工作成果让人感觉很棒，你逐渐习惯了肾上腺素带来的兴奋感，而忘记了晚上关掉电源放松的感觉。而如果你真关掉电源放松下来，就会很有负罪感。偶尔不工作闲下来的时候，你只感觉到累，真的很累。

生活杂乱无章的本质让事情很难做到整齐划一、按部就班。总有这样那样的问题冒出来，可能是房子、伴侣、孩子或无数其他的责任，把你带往陌生、不可预见的方向。于是你总是感到哪里不够好。假如没有达成某个目标，你会非常苛刻地评价自己。

如果对你来说什么都不够好，这会让你的伴侣、家人、朋友或同事很难与你相处。你会发现自己很难信任别人，不敢让他们为你做任何事。即使有时答应让他们做，你也总是觉得他们做不好，这会让你跟亲人朋友日渐疏远。

有时在某些时候你的确也能达到自己定下的所有标准。你每天去健身房，从早上 8 点开始一直工作到很晚，吃得营养均衡，把待办事项一一办完，并坚持每天如一履行。这种感觉真的太好了！但这样的生活并不能长久维持下去。你越是追求完美，生活就变得越杂乱，因为你对所做的事情始终不能完全满意。保持完美变得越来越困难，你的身体和精神健康都亮起红灯，似乎是在跑一场永远没有终点的超级马拉松。

然后渐渐地，你为成功设定的条件越来越难以复制。每一天都开始变得不太理想，于是你开始出现完美主义的决定性特征：自我批评。而这样做会影响工作效率，你把时间浪费在小细节上，放弃工作项目，担心被他人指摘，害怕冒险，这都会限制你。

认为自己不够优秀的想法紧紧束缚着你：你需要做得更好、做得更多，你还是没有足够努力。完美主义也许会告诉你，它会给你带来帮助，但实际上它只会让你感到痛苦。追求完美会让你总是"这山望着那山高"。然而，人们却并不愿相信这一点。

为什么是成功？

雄心和努力是人类的天性，我们天生就是目标驱动型动物。从进化的角度来看，这是非常有必要的：一直快乐对物种的生存并没有多大助益。我们会自发地去发展自我、实现目标、寻找伴侣以及繁衍后代。对幸福感抱有憧憬让我们更具适应能力，因为它能驱动你前进并促进个人成长。但是，一个目标究竟增强了你的动力，还是增加了你的痛苦，这两者之间的界线很难把握。仅仅因为我们能够做到更多或实现更多的目标，并不意味着我们就应该那样做，也不代表就是通往幸福的道路。

我希望你能停下来想一想自己追求完美的原因。对大多数人来说，追求完美的出发点是好的。通常，我们的目标是努力工作、成功，以达到幸福的最终目标。但这样真的会让你幸福吗？

根据我的经验，追求完美所给你带来的恰恰相反。它让你的成就变得不那么开心鼓舞，对自己所拥有的一切也无法感到知足。也许你渴望能达到众人眼中的成功，如经济成功、很高的社会地位、极具魅力的外貌，可是做到这些又如何呢？它们也不会让你真正快乐。事实上，它们非但不会带来幸福感，还会造成焦虑、抑郁、自恋等问题，并导致身体上的病痛。追求健康和幸福的人生，最关键的要素在于人际关系的维系，以及花时间去做对自己真正重要的事——这些正是被完美主义所阻隔的东西。

假装不是问题的问题

要能够完美地做好每件事，这样的想法给我们施加了一种自己永远不合格的压力魔咒。尽管完美主义具有破坏性的影响，让人们相信它的缺点却异常困难。不用往下看太多你就知道其中的原因。完美主义理念在我们的社会中广受赞誉，在竞争激烈、成果导向的数字时代，人们对成功痴迷到不健康的程度。社会普遍认为，事事追求完美，我们就能够成为更好的员工、父母和朋友。我们的价值在于我们做了什么，而不是我们自己。

社交媒体让一切看起来很完美，充满可能性，光鲜的文案包装又令这些难以实现的高标准更加深入人心。相关研究已经证实，由于年轻人对社会期望的认知增加，加上他们成长在具有挑战性的经济、社会环境中，整个社会的完美主义倾向正在上升。学校中的竞争从小学一直延续到大学，而就业竞争促使年轻人高度关注自己的成就。

完美主义一直被它的追随者们追捧，他们认为：完美主义不应被视为一个问题，牺牲和成功的结合让它更有奇特的吸引力。就好比想要成为某个女生联谊会的一员，就必须先经受入会礼的各种折腾，来之不易似乎让它变得更加珍贵。难以否认你确实经历了很多美好的感受，但这会增强完美主义的成瘾性。它所起的作用——隐藏对自己不够优秀的担忧——也让你对它欲罢不能，尤其当你的自我价值感是建立在出类拔萃的基础之上时。它所带来的另一些收获——感到自己的重要性，努力工作及成功带来的兴奋感——会让你对它们所带来的问题视而不见。

你在长时间的工作中苦苦挣扎，身心健康经受着折磨，即使如此，当你看到完美主义所导致的问题想要停下来的时候，完美主义的理想也会召唤你："不要停下来，这样做才让你与众不同。"它的行为就像希腊神话中的美女海妖，她们迷人的歌声引诱男人走向毁灭。完美主义令你相信，你是问题所在，而不是你的方法；它告诉你，是你的身体和意志令你失望，工作并非无法管理，只是你还不够高效。但当你能做到时呢？荣耀在等待，一切都是值得的。

反过来再看看另一种选择——作为凡人的生活——却并没有那么吸引人。平淡让人觉得无聊，甚至想想都可怕。完美主义给了你一个可以为之牺牲生命的理由："其他人可能不按这些标准而活，但他们就只配安于现状，永远不会像自己一样成功。"你会想到一长串需要继续努力工作的理由，例如你会错过机会、你的工作将得不到尊重、你不会像其他人一样出色。

但是只要仔细观察你就会发现，荣耀就像海妖，并不是它表面呈现出的样子。你可能感觉每天的牺牲很少，但是如果将它们累加起来，数量会难以想象地庞大。为了达成心中所想，你认为所有的努力都值得，然而美妙时刻转瞬即逝。为了做到"足够"的事情，你精疲力竭，时而感到自己出色，时而又认为自己无用，而自我批评和自我怀疑又让你更加害怕自己不够优秀。将一系列规则强加给自己，让你更难看到它们所带来的后果。想象一下如果有人告诉你，你必须：

· 不停地从早忙到晚。

· 减少或不参加社会活动。

· 停止做你喜欢的事。

· 劳累时仍要工作。

· 从不休息。

· 不断地逼自己更努力。

· 继续努力，甚至感到身体和精神力不从心也不能停下。

· 放弃与所爱的人相处的时间。

· 夜晚和周末仍要加班。

如果想象这些要求来自其他人，你很容易就能看出这种生活方式是不可取的。

是时候放手了！

在心理治疗中，人们听到这个想法会目瞪口呆，但我并不是要让你从此不再树立人生目标。你仍然可以全力以赴，努力工作，但请不要让你的努力消耗掉其他的一切，以牺牲健康和幸福为代价。因为擅长自己所做的事情，你仍然会感受到成功和努力带来的喜悦，但只有你不那么逼迫自己时，才能看到这一点。

你心中冒名顶替者的声音会对这个想法大声抗议。它会说："你一定是疯了才会降低自己的标准，接受这种新的生活方式；你永远都不够优秀；你会错过事情做到完美的满足感，而没有我，你的生活也将不够完美。"所以，为了说服你放手，我希望你能花时间仔细认真地看一看完美主义的代价。

完美主义让你付出了什么代价？

完美主义不仅不切实际，而且代价高昂。研究表明，对完美主义追求的越多，也将遭受越多的心理障碍。有非常多身体与精神上的问题都与之有关，如：抑郁、焦虑、自残、社交恐惧、广场恐惧症、强迫症、厌食症、贪食症、暴饮暴食、创伤后应激障碍、慢性疲劳、失眠、积食、慢性头痛，甚至早逝与自杀。完美主义倾向还会对你的人际关系产生负面影响。

所以请停下来问问自己，追求完美的生活方式真的是你想要的吗？如果一定要追求完美：

· 代价是什么？

· 有没有可能过上一种生活，不必放弃对你来说很重要的事物？

· 你能维系良好的人际关系吗？

· 你有时间做自己喜欢的事情吗？

· 去追求根本不存在的东西，是否值得让你的身体和精神遭受苦痛？

追求完美显示的恰恰是种不完美的心态。

辨别区分

毫无疑问，你应该改变自己的生活方式了，我们将在第十二章中更详细地讨论这一点。现在对你来说重要的是能够区分开健康的责任心和不健康的完美主义。努力工作和追求完美，这两者之间是有区别的。两者都可能以高标准为目标，但健康的责任感会优先考虑你的健康和幸福，并使用胡萝卜（同情）的激励方式而不是大棒的惩罚方式。

放弃对完美的执着，不代表你不在意或是不想追求成功，它只代表着你把标准设定在一个更合理的水平上。你仍然可以尽力而为、努力工作，而不必损害健康和幸福。请记住这种"放手"的态度：放弃这种死板的生活方式，抛掉对别人目光的在意和担忧；放弃那种对"优秀"的执着，摆脱努力拼搏的愿景对你的桎梏；相比花时间去做自己看重的事，努力跻身成功人士更让人殚精竭虑；相比于结果，关注过程要好得多。

一旦开始追求完美，就很容易变得非常苛责自我："这样做不对。""那样不够好。""我是傻了吗？"要当心对错误的过度反应，防止陷入"羞耻与责备"的循环游戏中；要消除负面信息，为些许同情心留出一点儿空间。如果事情没有如你希望的那样发展，告诉自己："我很失望，但没关系，总体来说我还是个很不错的人。"这样做与你告诉自己是个失败者、不够优秀，感觉会大不相同。

不要试图把每件事都做到完美，而是选择你真想做好的几件事。不要期望自己永远做到最好，保持一定的灵活性，而不是为所有领域设定一个统一标准。与其一直评估自己，不断让自己失望，不如设定可实现的目标，并取得成功。想要知道自己在追寻梦想的路上走了多远，试着回答一下玛蒂尔达被问到的那个问题："想象一下，假如告诉18岁的自己你现在所做的事，她会怎么想？"

·有高标准是好事，只要你所追求的不是完美。

·努力工作是好事，只要你不牺牲生活的其他部分。

·保持积极性并能自律是好事，只要不成功的时候你不会苛责自己。

·尽力而为是好事，但如果做了最大努力你仍然认为不够好，无法实现目标让你感到沮丧，那就不好了。

·达成目标是件好事，只要你能花时间对目标进行评估，看到自己做得有多好。

你会经历一些少有但却快乐的时光。在那段时间里，你感到一切都很轻松，你完成了很多事情，有精力有动力，别人也愿意与你为伴，你的内心平和从容。不要把这些时刻视为你应该一直拥有的，而是把它们视为珍贵而短暂的金色时光。当这些时光出现时，充分把握并享受它们，但不要一直期待它们的出现。在它们没有出现时，也不要批评自己。要记住，这些时刻没有出现时并不说明你就是冒名顶替者，那只说明你是个真实的人。

健康的自觉性是通往成功的另一条道路。它可能不如来之不易的成功那样令人兴奋刺激，但我保证它会更令人感到愉快。它会让你记住，你是人，而是人就有局限性；它是一种更友善、更充实的生活方式，让你能够接受自己所有的能力及优缺点，这样你就能够继续健康地过自己的人生。

第十章 你眼中的"失败"

> 如果一开始你没有成
> 功，那么就尝试，再尝试。

尽管自我批评和自我怀疑的声音响彻脑海，但我敢打赌，你心中一定有一点点认为自己不仅是好，而且是非常棒。然而，一旦你允许这个想法流露出来，另一个更可怕的想法就会出现：如果你失败了怎么办？

完美主义可能会让你相信，它能够阻止这种恐惧感，但实际上两者是内在联系的。对失败的恐惧驱使你追求完美，而追求完美则让失败更有可能发生。这种对失败的恐惧限制了你的潜力，要么把你推到超速挡，随着时间的推移，导致你变得低效及注意力涣散；要么让你害怕尝试，以至于无意中毁掉了自己成功的机会。你会做任何事来避免错误和失败所带来的失望和愤怒情绪，而最重要的是要避免羞耻感。虽然大多数情绪都是我们行为的反应（比如后悔和愤怒），但是羞耻会让我们以自己为耻。难怪人们会如此害怕失败。

我们要彻底改变这种对失败的过度担忧，并认识到错误和失败是做所有事情的正常经历，控制管理好它们所带来的失望情绪是必要的生活技能。不仅如此，它们实际上是成功的重要组成部分。这是一个悖论：成功是通过尝试来实现的，而尝试往往以失败告终。

克服你的恐惧

学着克服自己的恐惧，这样你就不再被它所束缚，你的思想也不再为它所支配。你会更好地管理错误和失败，了解到它们潜在的好处（是的，真的有），将自己的心态由恐惧害怕转变为敢于冒险。

再次提醒你，这一章并不会教你如何才能避免失败。克服冒名顶替综合征并不代表从此你将不再犯错误，它只意味着你将接受失败是生活的组成部分这个事实。你需要学习如何将它们转化为自己的优势。如果一开始你没有成功，那么就尝试，再尝试。

第一步：错误和失败是生活的正常组成部分。

失败是自我批评、完美主义和自我怀疑的副产品，它们之间形成一个闭合的恶性循环，一起对你大声叫嚷，让你认为自己不够优秀。难怪你会如此害怕失败。

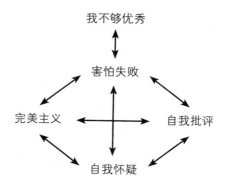

由于你所树立的理想化标准，当想到你所定义的失败时，它的坏处就会给你造成不利。回想一下前面的章节中所提到的儿童使用的形状分类桶：任何负面的东西都会被捕获并一股脑倒进一个大桶里，而正面的东西必须是正确的形状以及正确的角度放入，才能被接受。

研究也进一步证实了这一点。冒名顶替综合征患者不仅害怕失败，他们还格外关注自己的错误，并倾向于高估自己所犯的错误数量。正如在上一章中所讲到的，他们对自己的表现非常不满意，并将之评价为不够成功。难怪你心里那个更安静的声音——"去做吧"——会被淹没。

犯错或失败会导致更多的自我怀疑和自我厌恶。但是，你错过了拼图中至关重要的一块：没有人（是真的没有人）能在生活中不犯错误或从不失败。

躲避失败有点像躲避一些常见疾病。你需要做一系列的努力，如避开人群、不乘坐公共交通工具、不与他人发生任何接触，这比忍受生病的不适还要花更多力气。你还不如保持正常，实在无法避免染上疾病，就感谢疾病能增强你的免疫系统。

错误和失败是一样的。当你犯了一个错误或在某件事情上失败时，它会让你感到痛苦，有时甚至非常痛苦。但是如果因为这样你就试图逃避它，你其实是在逃避正常生活的一部分。如果避开错误和失败，你也会错过他们的许多好处，例如学习经验、增强韧性等。

第二步：认识到错误和失败令你更富韧性。

虽然当时可能令你感到不快，但挫折有它的好处。正如常见疾病会增强你的免疫系统一样，研究表明，经历过五到七次重大挫折的人，生活质量会更好，并且有更大的信心渡过难关。当然，人们对压力的反应各不相同，有些人的确比其他人更脆弱，但我们所讨论的只是一个小范围的问题。与其努力避免不适或不安，不如将它们重新定义为有利于个人成长的经历。即使是压力极大的负面经历也能够带来积极的心理效应，例如，提高解决问题的能力、使人变得乐观、宽容，以及更好地理解自己。

这些经历会为你提供学习如何应对困难情况的机会，帮助你认识到它们并不如你想象的那么可怕。关于世界的运作方式，我们每个人心里都有个模型（回想你的观念体系）。这使我们能够预测问题，计算如何在特定情况下采取行动，并想清楚我们对自己和他人的期望。通常我们会努力避免令人不快或难过的经历，但当不得不经历这些的时候，我们就会从中获得以前没有过的重要信息，这有助于我们提高对自己和世界的认知。大脑拥有的信息越多，形成的世界观模型就越完善，这使得我们的大脑能够更好地理解、预测、消化和处理负面情绪。

要让自己看到，即使事情出错，世界也不会崩溃，这意味着你将不再那么害怕错误的发生。认识到这一点还能让你练习如何处理困难，证明你能应对生活的各种情况。

了解这一点后，成功会让你感觉更安全，因为你不再期望任何时候一切都能进展顺利，也不再担心事情出错时会带来的后果，因此不管你做什么都不再像以前那样感到巨大的压力。克服困难状况不仅能增强你的韧性，而且还能够让你学习到宝贵的经验。

第三步：认识到我们能从错误和失败中吸取教训。

没有人能够总是把一切都做好。有时，你可能一次就能成功；有时，可能需要尝试多次才可以。有些东西即使你已经做了很长时间，你做得越好，做得越久，失败的机会也就越多。如果你一次又一次地犯同样的错误，那你对自己感到生气是可以理解的，但事实并不是那样啊！

把做事情的过程类比为学习乐器的过程。即使很有天赋，你仍然需要大量的练习和努力才能学会。而且你不会第一次就能完全读懂每一支曲子，如果你认为可以做到，那就太疯狂了。不管有没有天分，你都需要热忱的努力来发展并实现它。

成功的道路并不是一帆风顺的，没有失败我们就无法进步前行。如果你的能力类型属于天才型，你需要好好看看下面这个图表！

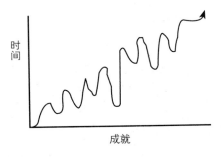

成功之路

提醒自己：第一次没把事情做好，并不代表你就是冒名顶替者；每一次的尝试过后你也不是总能看到改进。挑战的出现并非你不合格的标志，而是你所做事情的正常组成部分，是通往成功的必经步骤。

错误和失败不是为所做之事画上句号，而是制定调整正确方法的一部分。它们只是说明你还需要再做更多努力。有时，在找到正确的路口之前，你可能需要先经过几个错误的路口。错误的路口并不是浪费时间，也不是停车的信号，而是你需要从中学习的经验。他们会给你提供有用的信息来制定正确的方法。

如同从正确的方法中学到东西一样，你也可以从错误中学到尽可能多的经验。如果你学到了东西，那仍然算是失败吗？犯错误、承认错误是学习和成长的必要组成部分，从错误中学习可以使你在事业、人际关系和生活中更成功。如果总是不惜任何代价避免犯错误，你就会发现更难达到自己的目标了。当你从错误中振作起来，弄清楚错误发生的原因，就可以找到更好的前进方式。

成功不是与生俱来的，而是久经磨炼才得来的。天分固然重要，但想要取得成功还需要实践、经验和不懈的努力。我们需要一种成长的心态，即接受这样一种观念：智力和能力是持续发展而不是一成不变的。当经历困难和失败时，你更有可能会直面挫折继续前进，并在心中铭记：小小的进步加上大大的努力，就能够将你带向胜利的终点。

想一想那些对成功很重要的品质，没有哪条是说你永远不能失败的。相反，它的关键要素之一是要有不屈不挠的毅力，即使你犯错或失败，也能坚持下去！

你很难找到这样的例子：有人没有经历失败就成功了（我都查过了）。J.K. 罗琳（《哈利·波特》系列丛书作者），埃隆·马斯克、奥普拉·温弗瑞、理查德·布兰森（维珍品牌创始人）、王薇薇（婚纱女王）、史蒂夫·乔布斯、阿里安娜·赫芬顿（美国《赫芬顿邮报》联合创始人）、沃伦·巴菲特，麦当娜、迈克尔·乔丹、安娜·温图尔（美国 *Vogue* 杂志主编）——所有这些人都是"经历失败方成功"俱乐部的一员。所以当你环顾四周，看到与你为伍的这些人时，你应该很高兴能成为他们中的一员。

关于成功的道路是曲折的，比尔·盖茨就是一个很好的例子。17 岁时他与人合伙创办了自己的第一家公司，名字叫作 Traf-O-Data，主要业务是利用软件分析交通数据。尽管这家公司并没有取得多大的成功，但他和他的联合创始人保罗·艾伦（Paul Allen）利用这期间获得的大量经验创建了微软。他曾经说："庆祝成功固然不错，但注意失败的教训则更加重要。"

微软也并非稳定成功的案例。1993 年，被盖茨认为具有革命性的数据库项目没有成功；20 世纪 90 年代中期，微软在 MSN 上推出的电视式互联网节目也没有成功。但盖茨并没有停止或放弃，而是接受挑战并从中吸取教训，他说："一旦你能够把坏消息，不再看成是消极的，而看作是需要改变的证据，你就不会被它打败。你会从中学习到经验和教训，而这一切都取决于你如何面对失败。"

如果我们能够对所发生的一切都进行反思，那么就会发现，每一个错误都会给我们一个重要的教训。反思会给予我们必要的空间和时间来对事情进行消化、重新评估、重新思考，然后继续向前。当失败的恐惧令人变得寸步难行，你对自己说，一切都太困难了，不值得承受如此大的压力时，事实却恰恰相反。没有人不努力就能成功，所有最好的成就都需要付出相当多的努力、实践和时间。一项任务越困难，你完成时的满足感也就越大。

当然谁也不想让生活中所有事情都变得困难，但是偶尔几个挑战会令生活更富乐趣。当面临非常困难的挑战时（总会有这样的时刻），要记住当你最终克服它时，回报会更大。而那种很棒的成就感，就是下次困顿挣扎的时候，能让你继续坚持下去的信念。

应对失败

当你把失败从一种个人的挫败感——我是个失败者，我不够优秀，转变成可以从中学习的东西——我很失望，但我可以从中学习和成长，你会感到非常不同，并会摆脱羞耻感。

想一想你以前所采用的方式，它带来的伤害如此之大，部分原因是因其事后剖析的过程。你会在脑海中一遍又一遍地反思每个细节，一边想着事情有多糟，一边自责。

·你会沉溺于错误之中，无法停止思考那些失败的事情。

·你会紧抓住谈话、电子邮件的细节不放，纠结于自己说了什么、没说什么。

·你循环回顾自己察觉到的一点点轻视、批评和小错误。

·你被过去的失败所困扰。

·你会怀疑别人是否会因你不高兴或是自己做了什么错事。

·你责怪自己，希望自己用不同的方法做事。

下一次，当你又犯错或因害怕失败而不敢尝试某事时，利用以下这5种技巧给自己一个机会，以不同的方式看待问题。

1. 允许自己失败。

如果深信自己是冒名顶替者，你会不惜一切代价避免失败，但当失败不可避免地发生，那会使失败变得更加痛苦。相反，你可以把自己想象成一项正在进行中的工作。错误和失败是生活的一部分。不管怎样它们都会发生，所以你不如就坦然接受它们。

遇到困难是正常的。除非试过几次，否则你不可能知道做某件事的最佳方法。与其选择放弃，不如再试一次，带上一些同情心，继续努力，提醒自己你可以做到。这可能并不容易，但它是值得的，而且这是建立坚定自信的唯一方法。请记住你不是唯一一个会经历失败的人，它会发生在我们所有人身上（甚至是比尔·盖茨）。

2. 想法和感受不是事实。

仅仅因为害怕自己做不到，并不代表你就真的做不到。可能我害怕做演讲，但这并不代表我真的就做不了演讲。记住，想法和感受不是事实！

如果因为焦虑而不去做某件事或者放弃尝试，我们就失去了发现事实的机会。而事实就是：

· 我们焦虑的预期通常是错误的

· 事情总是看着困难十足，做起来其实没那么难

· 即使有些事情没有如你所愿取得成功，其后果也不会像你想象的那样糟糕

预估一下风险水平，并将其与回报进行比较。风险很少像你预期的那样大或持久，如果一切顺利的话，会有很多收获。想一想如果你总是避免冒险可能会错过什么，然后大胆地去争取吧！去追求真正想要的东西也许令人感到害怕，但却是非常值得的。研究表明，相比于做过的事，我们对自己没做的事会感到更遗憾。所以下次当你害怕去做某些事情时，请让自己记住这点。

全力以赴地去做自己真正想做的事，不要害怕尝试，才有可能取得真正的成功。尽管想想有点害怕，但如果你去做了那场演讲，你就有机会看到自己可以做得很好，那种感觉很棒。对于这种恐惧，你克服得越多，它们也就越构不成问题。如果以后做某件事时你感到担心害怕，就可以提醒自己："这是我在演讲前的感受，但我非常高兴自己真的去做并做到了。"

注意以下思维偏差：

· 一概而论："我什么都做不好。"相反，要试着说："只是这次没做好。"

· 推测："他们觉得我在工作上很没用，是个垃圾。"试试

问问你自己，其他人是否真的在这样评判你，还是说这些其实是你自己的想法？

·太在乎自己的感受。感受并不是事情的真相。你可能觉得自己不够好，但这并不表示这是事实。

·要做就一定要成功，否则不如不做的想法。一个错误并不等于失败。记住，它只是让你退后一步，并重新权衡，一次失误并不意味着灾难或你毁了一切。

·放大错误：你挑出一个错误的细节，紧紧抓住它不放。相反的，要看到整体情况。如果事情的 90% 都进展不错，那么把90% 的时间花在好的事情上，而不是只关注你不开心的东西。

·个人化：将负面的事情都看成与你有关。相反，你不必对每件事都负责，还有很多其他因素在起作用！

·消极归因。比较这两种结论："因为我是个不称职的冒名顶替者，所以事情进展不顺利"，与"因为我准备不足，所以事情进展不顺利"。如果你对第一个结论深信不疑，那确实没什么改善空间；但如果你选择第二个结论，那可以从中学到很多。

·事后诸葛亮是残忍的，它让你认为自己本应预测到结局。提醒自己，你无法在兼顾效率的同时，预见所有可能发生的事情及结果。小心留意每一个潜在的问题，并不能最大限度地利用好你的时间，尤其是当你明白，错误能够提供有用的信息。

3. 反思。

如果事情没有如你希望的那样发展，给自己留出时间和空间进行反思和剖析。消化一下自己的情绪，想想学到了什么，或者思考一下结果带来了哪些好处。通常，仅仅是将难过的情绪表达出来，就意味着你已经削弱了它们的影响。这样做有助于你理解所发生的事情，并让你能够洞察自己不快的原因，使你更容易找到潜在的解决方案。

4. 批评不等于失败。

有个东西可以给冒名顶替者信奉者带来重击：任何形式的批评。要继续前行，你需要更好地看待批评，并明白它不是针对个人或扼杀个性。评论是针对你的工作，而不是你。如果你要给别人以反馈，想想你会怎么做呢？你是不会把别人评价为不配或无能的。

建设性的批评是有益的。为了努力改进自己的工作，并获得新的观点，听取别人的意见是非常值得的。并且还要记住，给予你反馈的人相信你有能力，也相信你 能够做出改变。当然你不必认同所有的负面反馈，它们不过是另一种观点。接受有用的评论，摒弃无用的评论。

为了让自己能更习惯批评，试着积极地寻求反馈。通过练习，你会发现接受它变得越来越容易。找到你能够信任并可以成为导师的某个人，深入了解他 / 她的职业历程，最好与你有类似的专业背景，这样你就能够分享自己的感受和不安。这个人应该能够帮助你将事实与个体的感知分开，有同理心，能提供特定领域的建议和指导。

让一个更年长、更聪明、更有经验的人来审视你的工作，这种想法可能会让人感到有点犯怵，但是你所尊敬的这个人给予的反馈，能够让你看清楚，什么做对了，什么又做错了。这样做会为你工作的进程提供新的视角，并帮助你制定可实现的目标。如果你是个容易过度担忧的人，他／她也会给你一些答案，让你不必为心中的疑问忧心忡忡。只要以正确的方式去做，会给别人一个机会去理解你的经历和付出，同时也给你自己一个机会看到这些。

如果觉得很难做到这一点，试着问问自己是否对工作做了过度的投入，从而占用了你太多的生活和自尊？如果答案是肯定的话，面对别人的反馈，你会发现很难认为那不是在针对自己。如果认为这对你来说是个问题，你还可以翻到第十二章了解一下自己的界限。

5. 没有"正确"的方法。

追求完美提供了一种错觉，即会有一个正确的选择。如果有一个正确的选择，那么也意味着会有一个错误的选择，而这样的局面会让你寸步难行。你感到以正确的方式做事是你的责任，而假如不成功就代表你错了。其实，现实中并没有完美的选择。做事情的方式有很多种，而所有这些可能都是正确的。记住，错误、失败以及所谓"错误"的选择并不是世界末日。它们是找到最佳方法的一部分，并可为你提供更多信息，使你在这个过程中学习甚至成长。

请将以下几条大声念出来：

·犯错误没关系，它们是生活中正常的一部分，也是学习的机会。

·挫折是正常并值得坚持的。

·我不需要害怕失败。

·韧性建立在错误和挫折之上。

·没有冒险便没有收获。

第十一章　是你连接了成功和幸运

生活中很多事情都有点运气
的成分，但运气不会湮没成功，
也不会减少成功的分量。

到目前为止，我们的主要关注点是改变你对自
己的看法和说话方式，这样你就可以设定更现实的
目标，并开始信任自己的能力。下一步是帮你看到
自己所具有的优秀品质。你渴望成功，但当真的成
功时，你几乎不去想这背后真正的原因，而这正是
本章想要改变的东西。

有关自己和自己的成就，你需要移除更多的障
碍物，才能真正地去承认并拥有它们。想要克服冒
名顶替综合征，做到这一点至关重要。在这一章中，
我们将看到你心中冒名顶替者的声音为成功所找的

各种借口，而我将揭露它们只是神话而并非事实：

· 我只是很幸运。

· 这一定是侥幸。

· 那只是因为我工作非常努力。

· 我赶上了好时机。

· 他们只是太喜欢我；我把他们迷住了。

· 这是团队合作的结果。

· 因为我有关系。

　　上面这些因素理由即便不是全部，也至少有一个是你耳熟能详的。事实上，几乎所有这些因素都起到了一定作用。在所有这些因素的综合作用下谁还会做不好呢？但是（并且是很大的但是）像往常一样，你的大脑还是在将事情扭曲，片面地挑出一个微小的细节并将之放大，大到能够掩盖其他一切。这就像是有人做了一顿美味的晚餐，却声称主料只是一小撮盐，那么其他的原材料呢？

　　除去上面所列出的那些，促进成功的因素还有很多，例如：

努力　　**坚持**　　热情

动力　　**韧性**　**兴趣**

意志力　　创造力　**耐心**

正直　　　**乐观**

自信　　沟通能力

决心　　专注

的确，你的某些成功是有运气或时机的成分，但这些因素只在你所有的成功中占很小的一部分。它们的作用更像是把门打开一道缝，给你一个走进去的机会。外部环境不会影响你的成就。你仍需凭自己的力量把门打开，走进去，并在那里赢得一席之地。没有下面的这些步骤，你什么也得不到。正是这些外部因素与你内部资源的结合才创造出了成功。

那么，让我们来逐一看看这些外部因素以及它们的影响，并分析一下事实真相。

神话一：我只是很幸运

如果每次听别人说成功是因为幸运，我就能得到一英镑，那我绝对会变成一个富人。我每天都能听到这种说法，而自从开始写这本书，我也注意到它从我自己嘴里冒出来的频率也非常之高。你对自己说这些的时候，也并不是完全错的。生活中很多事情都有点运气的成分，但运气不应该是唯一的焦点。

运气不会湮没成功，也不会减少成功的分量。如果你碰上好运气，但并没显示出相应的能力加以运用，那很快就会失去它。正是因为知道如何利用自己的运气，才令你如此与众不同。

新的机会、成功的项目、工作机会、很棒的评价……这些都不是偶然得来的。如果不是因为具有把事情做好的能力，你也很难取得成功。是你自己的行为让好运得以发生。那些能够把握运气成就更多的人，也一定拥有许多其他优秀的能力和品质。

如果再进一步，把自己放在可能有某种机会的情况下，这里面真的有运气的成分吗？对于同样的事情，许多人都可以做到，但却选择不做的时候，运气会给这其中某些人以更好的机会吗？如果你决定见某个联系人，而这个人可能从此改变你的职业生涯，运气在这当中起到任何作用了吗？做这些事情的时候（即使有时连你也并不认为如此），确实只是出于运气吗？假设你真的不想去，但你还是去了，那也是运气吗？还是说，是因为你有动力有决心这两个成功的关键因素？

幸运的神话不仅仅影响到我们对自己成功的看法，我们还利用运气的概念让别人感觉更好，并贬低自己的成功："这没什么大不了的，请不要那样想我啊。"这是因为我们担心成功会对人际关系产生负面影响。人们并不总是对别人的成功感到高兴，如果你对他人的情绪非常敏感，那么就可能很难与之讨论自己的成功。野心和奋斗可能会让人有孤立感，尤其是对女性而言。这种状况需要改变，但只有当我们能够开诚布公地谈论这些事情时，改变才会发生，也只有这样，成功才能变得更加正常和可接受。

同时，如果别人说你做成某事是因为幸运，也要格外当心。有些人可能觉得，以幸运来解释你的成功会令他们更容易接受一些，于是他们就强化成功是因为幸运的说辞。因为如果将成功归之为幸运，那么就能为他们没能实现同一目标找到借口，并且他们可以安慰自己，如果他们足够幸运也能成功。但事实是，他们并没有同样的机会。

卡琳娜很喜欢跟朋友露丝见面，但她讨厌聊任何有关工作的事。每当这个话题出现时，露丝都会说她是多么幸运："这真是上天的安排。"卡琳娜知道她本意是好的，而且连她自己也有点同意这个说法。她确实觉得命运对她很眷顾，但每次这样想又让她感觉非常糟糕，因为似乎她为成功所做的一切都不能算数，这种说法完全抹掉了她长时间的努力和牺牲。

对露丝来说，把卡琳娜的成功看作只要投入时间和努力她也能做到的东西，不如把那看成是运气使然更容易接受。虽然她不是故意让卡琳娜失望，但不知不觉中，这就是所发生的事实。

希望你能明白，认为自己运气太好，所以是个冒名顶替者，这种想法根本经不起推敲。你也不该为自己做的每件事都自动打个折扣。是你把运气转变成了看得见的东西，而正是它将成功与失败者区分开来。

神话一破灭。运气并不能让成功打折扣，它只是成功的一小部分。你接下来所做的一切才决定了你的成功。

神话二：这一定是侥幸

当你感到自己是个骗子，但同时取得了成功，作为自认的冒名顶替者，很容易得出成功是因为侥幸的结论。这一点与幸运神话非常相似，但"幸运"往往被用在更广泛的领域中，如"在工作上我很幸运"或"我很幸运有这么好的朋友"等，而"侥幸"则往往应用于特定的情况。赢得一场比赛，获得一个奖项，被招入某个课程，你会说这一定是侥幸。而接下来的想法是："如果下次我失败了怎么办？"这不仅给你下一次遇到类似情况增加了压力，而且也剥夺了你成功的价值。你没有看看自己成就了什么，而是忙于预算可能出现的灾难。这使得你很难反思自己的成功，无法从中学习并获得自信。

侥幸的定义是，偶然发生的奇怪事件。它不太可能被重复，也不在计划或安排之中。当理性地看待你称之为侥幸的事情时，你真的能把它们归为偶然的吗？想想你的生活中曾出现的侥幸，其实，有很多都已经违背了它的定义。仔细再看，你会发现这是个不负责任的评论，它贬低你的成功，让你无法看到自己为之所付出的艰辛和努力。

神话二破灭。如果你努力了，所有的条件都集合成功，这并不代表它是侥幸！

神话三：那只是因为我工作十分努力

非常努力是人们贬低自己成功的另一个常见原因，与之有关的看法是，如果你努力并获得了成功，那么任何人也都可以做到——就好像只有很容易就得来的成功才算成功似的。

努力工作的人主动、有创意、从容面对失败，他们能够倾听正负两面的评论，他们好奇、善问、不断学习进步，他们去课堂、讲习班继续深造，他们为自己设定目标，并做出努力和牺牲以实现目标。

认真想想成功所包含的这些因素，你确定任何人都能够做到吗？你每天都做这些事情，它们已然成为一种习惯，因此很容易让人忽略自己所付出的努力。而并不是每个人都能够做到这些，其原因就是，这的确是个需要艰苦磨砺的过程。

《纽约客》的特约撰稿人马尔科姆·格拉德威尔（Malcolm Gladwell），在 2005 年被《时代》周刊提名为该年度最具影响力的人物之一。他曾写过一本书《异类：不一样的成功启示录》，书中分析了某些人能够获得成功的原因（如果你的能力类型是天才型，建议阅读这本书）。他在书中传达的一个重要信息是，无论是比尔·盖茨还是披头士，正是这些人所投入的大量工作时间才使得他们成功——格拉德威尔称之为"1 万小时定律"。如果将这 1 万个小时分配在 10 年中去实践，那么大约相当于一天 3 个小时或者一周 20 个小时。

努力工作是成功的唯一途径，没有人会因为运气而成功。正如那句格言（据说源于发明家托马斯·爱迪生）所说："天才是 1% 的灵感加上 99% 的努力。"把成功简单地归功于努力工作，并不能涵盖一个人的全部能力。

神话三破灭。努力工作是成功的核心组成部分，而不是贬低成功的理由！

神话四：我赶上了好时机

如同运气和努力一样，时机也是成功的关键要素，但同样，它也只是要素之一。比尔·格罗斯是一位技术型企业家，也是美国最成功的技术孵化器之一 Idealab 的创始人。格罗斯从数百家公司收集数据，以发现哪些因素最能影响公司的成功和失败。经过汇总分析后，结果呈现出了五个关键因素：想法、团队 / 执行力、商业模式、资金和时机。令人吃惊的是，他发现时机是成功的首要因素，将成功和失败公司的差异进行比较，时机因素占到了 42%。

为什么时机很重要？如果一个想法实施得太晚，它将因为面对太多的竞争而无法成功；而如果执行得太早，某些优势还不够成熟，因而无法支持这一想法并使之成功。格罗斯发现了这一点并由此创建了 Z.com——一个可以让人们在线观看视频的网络平台。由于当时的技术还不够先进，这家公司在 2003 年倒闭。但是，仅仅两年后，技术问题就得以解决。而 You Tube 完美抓住了时机，将同样的想法转化为巨大的成功。

如果时机合适，那么你的想法就能成功。但你如何知道时机是对的呢？这就是幸运神话的由来。好时机并不是运气。观察和识别好的时机是一项技能。能够看到自己的优势并利用它，表示你知道什么时候该采取行动。事情得以成功、尘埃落定以后，当然容易看清当时的好时机在哪里；但如果事情没能成功，那么又有多少次不对的时机呢？

神话四破灭。成功不是一次红运当头的结果。大量的努力意味着你能够让万事俱备，只等一个好时机。

神话五：他们只是太喜欢我

你是入围名单上的两个申请人之一，另一个人有更多的经验，但最终他们还是选择了你，因为他们认为你会跟这个团队更合拍。冒名顶替综合征给出的解释是，自己是用魅力骗他们给了自己这份工作。

等一下……你进入了最后两名，他们选择了你。我相信你必须击败其他许多候选人才能做到这一点。这并不能证明你是骗子，而只是表明并非只有资格和经验才最重要。

我曾听到过各种各样类似的说法，尤其当人们工作多年或面临裁员时，这种想法更甚。他们认为，由于与同事相处融洽，自己才得到升职。他们从不敢轻易换工作，不仅担心再也找不到与之相当的职位，还担心如果他们真的去了其他地方，会被认为是骗子。

这不仅仅是聪明绝顶就能解决的问题，亲和力本就是成功的重要组成部分。亲和力有助于使你成为一名更好的员工，使团队合作更容易，而这也证明你更有可能被选入某个工作岗位。你可能非常聪明，但却发现自己与人沟通困难，并感到社交焦虑——这会使你更难完成工作。就业能力并不只是单独的某项技能。

回想一下上学时班级里的同学，最聪明的人现在却未必是最成功的。那是因为聪明并不能保证成功，还有其他很多因素在起作用。是的，有时候或许拥有高智商本身就足够了，但更多时候人需要的不仅仅是聪明。通常，比起拥有某样优势，懂得如何利用它才更加重要。也许你不是最聪明的，但这并不意味着你不会成功。

想想如今网络大 V 们在各种社交媒体上的影响力。对他们来说，一切都与亲和力有关——这是他们成功的关键。所以你还认为亲和力不重要吗？

亲和力是与他人相处的一种能力和重要品质。你绝对不能小觑它的作用。对许多人来说，这是他们通过学习和训练而获得的东西，它显示了人们在社交和情感上的智慧、同理心、自我意识——这些是生活中做任何事情都需要的一个强力组合。我个人认为它是一种超能力（虽然我是一个心理学家）！

那些颇具亲和力的人往往会深思熟虑，与周围的人一起努力。这表示你有了解他人的愿望，你会花时间了解他们的情况，记住有关他们的事情，并定期做联络。

亲和力所表达的是在意他人、肯定他人的重要性。魅力和沟通技巧通常不会让你走太远。对于一个工作或升职机会来说，它们可能会给你带来一些优势，但你不会仅仅因为表现友好而得到一份工作。单单某项技能并不能使面试官忽视所有其他的事情。大多数工作都会对申请者进行严格的审查，单凭好的表现力很难顺利通过。公司有很多相应的措施，包括定期审查、业绩报告和奖金机制，以剔除那些滥竽充数的人。因此你要确保能够认识到构成成功的其他因素。

另外，请注意亲和力和取悦他人的区别。如果你认为自己是个冒名顶替者，你会觉得有必要给自己所钦佩的人——你的老板、讲师、主管，甚至是你的伴侣——留下深刻印象，而对正面评价的渴求可能会驱使你不断地调整自己以适应他人，把他们的需求放在自己的需求之前。然而，当最终得到了你所渴望的正面评价，你又会忽略掉它，认为那只是因为他们喜欢你才那样说的。你要重新调整看法，他们确实喜欢你，但同时他们也认为你有取得成功的能力。

取悦他人的做法还会让你很难去寻求帮助或给出真实的意见，你不会考虑自己的需求，在它的过度驱使下，你变得不确定什么对自己重要，什么又是你想要的。事实上，让所有人都喜欢你的代价是，你最终往往变得不那么喜欢自己。

运用恰当的人际交往技巧，同时也要确保能够保留自己的观点，并且有信心同他人分享它。人们并不想要一个和他们想法完全一样的人，那会令人厌烦。贡献想法、提供不同意见会促进讨论，正是这一点经常会碰撞出新的观点。

神话五破灭。亲和力并不会削弱成功，相反，它是有助成功的超能力。

神话六：这是团队合作的结果

如果作为某个团队的一员，你取得了成功，那么团队的作用的确毋庸置疑，但让其他人参与进来并不会使你失去成功的资格。你只需清楚自己在团队中的角色。所有招聘广告都会要求应聘者是"优秀的团队合作者"，这样做是有原因的。它是每个雇主最看重的品质。

正如亚里士多德所说，"整体的力量大于各部分之和"。当涉及团队合作，而团队又取得了成功时，这个想法尤其令人纠结。所有人都想成为领头羊，抑或只想安分守己做跟班，两种做法都不可取。良好的团队合作意味着使用自己的技能和训练（如果需要）相互倾听，在必要时起带头作用，并灵活承担不同角色。能够把小我放在一边，分担责任是非常重要的，也是很多人觉得较难处理的一点！

同样重要的是要记住，你不需要拥有一切，也不必只凭一己之力去获取成功。事实上，这样做更有可能导致你失败。我将在本书第十三章中详细论述这一点。

神话六破灭。团队合作是值得骄傲的。能够融入一个团队，成为一种优秀工作模式的一部分，并不是每个人都能轻易做到的。

神话七：因为我有"关系"

噢！你的工作是通过别人介绍找到的，天呐！这真卑鄙。但真的如此吗？事实上，恰恰相反，多亏了人际关系网，85%的工作空缺才得以填补。人际关系网是找工作必要和正常的途径。

找工作的过程中，自然会遇到在相关行业工作的人，无论是寻求建议，还是询问他们或所认识的人是否有合适的职位，这些都是常识。你甚至可以称这种方法为全面收集原则。你会利用所有可能的渠道，让别人知道你在找工作。

运用联系人和关系网是一种众所周知的有用方法。关系网的优势在上百篇文章中都有论述。根据自己的理想工作在网上进行搜索，我相信这将是你取得进展的建议方式之一。对于求职来说这是最佳途径，招聘者也会予以推荐。过程中并不会有任何警告突然弹出来："不能这样做，这是作弊！"也没有哪种说法表明：如果你使用这种方法，那找到的不算是真正的工作。这种方法实用又明智，每个人都会去用，如果你不用，很可能会错过很多机会。

使用这种方法并不说明你在作弊，也不说明你没有凭借实力赢得职位。询问你认识的每个人，和他们见面聊一聊，这难道不是非常明智的做法吗？

·如果他们同意见你，说明他们认为你值得见。

· 如果他们让某个相关联系人与你保持联系，说明他们看好你。

· 你仍然需要通过努力获得这份工作。

如果某个联系人喜欢你，并且会面有所成效，说明你赢得了他们的支持，也给他们留下了很好的印象，他们相信你会是个合适的人选。如果他们愿意和你分享他们自己的联系人，想想这背后可能的原因。如果认为你很糟糕，没什么希望，他们不会只因为想做个好人而推荐你，因为如果这样做，他们自己的声誉也会受到影响。

假设这个联系人是某个真正关心你的人，或许是你的阿姨安排了会面，我相信在代表你这样做时，她一定特别有说服力。但即便这样，没有人会出于善良而把你招入麾下。事实上，在这种情况下，你常常要付出额外的努力，以显示自己的优势，得到一个机会！门可能已经为你打开了，但你现在站在门里面，还需通过努力挣得自己的位置。

如果你是个体经营者，想想这个过程是如何运作的：如果你通过口碑得到了一份新合同，那它一定是以你以前的工作为基础的。如果你以自身所长谋取生计，那也不表示你是个骗子。

让我们进一步问问：多少人有良好的联系人名录？我肯定很多人都会有。但是，又有多少人合理利用了这些联系人，并设法将其转换成更多更有意义的东西呢？整个事情的特别之处，是你具有做这种转换的能力，而不是关系网本身。

承认自己有某种关系并没有什么，不要因为利用了人际关系而忽略掉接下来的所有其他部分，就可以了。

假设一个朋友告诉你，他们正努力找工作，然后对你说："我确实有些联系人，但我不会使用这些关系，因为那样做不对。"你能想象这种情况吗？这就像是在说，在自行车上安装变速器是作弊，而它们其实是你骑自行车的一种方式，就像网络是工作和生活的正常组成部分一样。

神话七破灭。使用关系网并不会让成功变得不重要。联系人和关系网能够令机会最大化，是众所周知获得工作的正常方式。

回顾一下你是如何走到今天的

每个人都会有各自的天赋，而随着不断成长，我们也磨砺出了许多不同的能力和技巧，无论它是智力、竞技能力还是亲和力。但这些技能本身并不能向我们保证任何东西，你如何使用它们才更重要。没有哪种技能可以让你胜任一切，也没有任何规定表明通往成功的道路只有一条。

成功是你应得的。请再读一遍：成功是你应得的。为了提醒你自己，我希望你能够：

·重新翻到第四章，看看你所写下的成就单。

·逐一记下对你成功有所助益的因素：运气、努力、时机、亲和力、团队合作、人际关系。

·思考一下你心中的想法。即使你认为是上述的某一因素带来了成功，你是如何做到保持成功的？你使用了什么策略？

·想一下如果事情按你所想的方式发展，你必须要做些什么？

·写下你采取了哪些措施，来让这些成功因素发挥其最大作用。

　　·你还使用了哪些其他技能？

　　·如果其他人也利用这些因素取得了成功，那么他们也是骗子吗？

PART 3

永别吧，冒名顶替综合征

第十二章　享受冒险生活

享受生活的同时，你仍然可以实现自己的理想。

恭喜你走到这一步。你已经相当成功，不必再去做更多。现在你已经明白你完全值得拥有今天的成就！而为了完全克服仍然存在的问题，你需要改变一直以来所使用的应对策略——过度工作和逃避。只有停止过度工作，并解决逃避的问题，你才能有证据向自己证明你不是冒名顶替者。现在你可以结束过度工作和逃避造成的恶性循环，信任新的生活方式，相信自己不是非要遭受痛苦才能成功。

对于自己所做的事你已经非常擅长，不需要再像以前那样拼命工作。现在是时候重新审视生活，去找到一种新的方式，让你能够享受自己的人生了。

旧方式

到目前为止，你一直遵循着冒名顶替者的行为准则：要么过分努力工作，把自己当成一台机器；要么逃避责任，逃避生活。你要么永远都是待命状态，时时刻刻都在奋斗、拼搏；要么又总是躲开、逃避，不相信自己，隐藏自己的潜力。

为自己的目标而努力时，你向自己保证，等到目标实现时一切付出都会值得。你告诉自己，只要达到目标，你就会为家人、朋友或乐趣腾出更多的时间。那就像是另一个现实世界，在享受自己的生活之前你需要先通过那里。

处于逃避模式（耽搁、拖延、破坏）时，你会告诉自己，到了某个时间你自然会面对并解决所有的难题；或者如果拖得时间够久，也许你就能喜欢做这些事了。

虽然这个想象中的未来似乎感觉是件好事，但它却让你不能充分利用当下。生活正在进行，你却没有完全参与。消极的自我观念会破坏掉成就感，让你无法去享受自己真正喜欢的东西。

最糟糕的是，你很少会觉得自己真的达到了"那里"。每当将要接近时，你就会无意识地重设目的地。你不知道自己到底走了多远，也看不到自己身份的转变。

新方式

如果你能够接受这样一个事实——未来那种满足感爆棚的生活永远也不会出现，那么就能为自己寻求另一种生活方式腾出空间，过一种让自己感到充实的日常生活。这样你才可以活在当下，享受你应得的一切。重拾你的生活需要经由三个步骤：

第一步：重新评估

第二步：停止过度工作和逃避

第三步：开始真正的生活

第一步：重新评估。

接下来的几章中，我们将重新评估你所设定的标准和对成功的定义。现在我希望你看看自己是如何分配时间和精力的。你在一周时间里要做的所有事情是现实可行的吗？写下你目前正在做的一切，包括工作时间以及吃饭、回复邮件、在社交媒体上的互动还有留给你自己的时间，总之，要涵盖你正常的一天中做的所有事情。

在每个活动旁边写下一个大概的时长，然后将所有的相加得出一个总数。你真的能把所有的事情都塞进去吗？你有多少时间用来做开心的事情？你是否为工作或人际关系牺牲了自己的健康和幸福？如果能画出一些界线让你保有自己的私人空间会是什么感觉？

我知道这个建议听上去有点离谱，但是你不妨试着从虐待动物的角度来考虑这个问题：是否可以用这种方式来对待动物？假设你有匹赛马，而你一整天都让它不停地训练，从不留给它吃草的时间，只让它在准备比赛时休息几个小时，请问这样做可以吗？被这样对待的一匹马，你能期望它有最佳表现吗？如果这样的方式不适合动物，那么也同样不适合你。

放弃完美意味着只承担合理数量的工作，并将业务量保持在可持续（而不是让人精疲力竭）的水平。这也同样适用于在逃避中挣扎的人。维系一个更加现实的日程表可以减少压力，提高工作效率，这样你就不会时不时感到工作太多，也不会因为疲累而不得不停下，或者更糟的，毁掉你所做的事。

请再来看一下这个列表，把重点放在对你最重要的事情上。

·只挑选几个你乐意花时间去做的事情；你答应所做的每一件事都会令其他事情的时间减少，所以要明智地选择。

·思考对你来说什么才是重要的。

·哪些事情是你可以放弃或委托别人去做的？例如，立即回复所有的电子邮件和守护好自己的时间，哪个更重要？是时候停止你不必要做的事了。

让自己负担过重太容易了，所以你的日程表上从来没有空白。你并没有真正在生活，你只是不断地从一件事跑到另一件事，并没有在生命中留下自己真正的身影。

考虑到这一点，我强烈推荐你去看新闻记者奥利弗·伯克曼（Oliver Burkeman）在 TEDx 的演讲《如何停止与时间的争斗》。他巧妙地解释了为什么花费大量时间精力来应对忙碌，却反而让我们感到更忙碌，并由此导致了大多数人生活在一种对我们有限的生命（平均约 4000 个星期）深深的否认状态中。他说："如果真的想过得有意义，如果真的想做出改变，那么我们应该全心全意、毫不羞愧地去过这有限的一生。我们应该面对这样一个事实：我们所拥有的时间非常有限，那么请利用这有限的时间去做一两件真正重要和有意义的事情。"而现实却是："虽然生命是有限的，但你能做的事情却是无限的。"面对这样一个事实，我们只有一点点时间能让我们摆脱束缚，去关注对自己真正重要的东西。

你的能力并不是无限的，所以要明智地进行选择。时间是世上最珍贵的东西之一，它是任何金钱都买不到的，不要把所有的时间都花在奔波忙碌上。

第二步：停止过度工作和逃避。

你真正了解自己能力的唯一方法就是停止过度工作和逃避，并开始相信自己不是冒名顶替者。最初这可能会让你感到害怕，觉得自己会被看穿，但短期的痛苦会为你带来巨大的长期收益。

你得让自己做得少一些。如果你工作太过努力，我相信你一定不太喜欢这个想法。但只有少做一点，才能帮你看到你做得已经够好了，你也才有可能享受所做的东西。你为自己设定的标准远远高于别人为你设定的标准。你眼中的"还行"等同于别人眼中的"优秀"。具有讽刺意味的是，你的许多同事、朋友和家人都在同一条船上，相对于自己，更容易发现别人的优点。

不要再事事做足100%，而去瞄准80%，并且也不要再为剩下的20%而苦恼。为了检验这一点，当你认为手中的工作完成了80%时就将之上交，然后看看别人的反应。或者，如果你每天晚上都需要在家多工作3个小时，周末也要加班，那就试着一个星期不这样做，或者把加班时间减半。根据某个项目的价值和难度水平来投入合理的工作和努力，以此来打破冒名顶替者意识导致的恶性循环。

当我在心理咨询过程中建议人们这样做的时候，他们通常会发现减少工作上的时间开支并没有给生活带来很大的变化，没有人注意到（或关心）他们换了不同的工作方式，而额外的休闲娱乐时间反而还令他们的工作表现变得更好了。

我知道这很难，所以试着从效率的角度来考虑这个问题。力求每件事都完美并不是有效利用时间的做法。想一想，你花额外的时间为细枝末节操心真的值得吗？在被你放弃的项目中，有多少是因为你觉得它们不完美，又有多少是因为你担心别人对它们的看法？将你的工作拿出来分享之前，它不需要达到完全"正确"。哪怕有一点儿成果出来也总比放弃努力要好。而如果站得离它太近，你就无法有个清晰的视角，那不如让别人来帮你看看。请记住：完美是最大的敌人，真正重要的是进步，而非完美。

想要以更合理的方式工作，让工作之外的生活变得更透明化也很重要。不要包揽下所有事而让你的个人生活遭殃，诚实地对待你需要处理的其他事情。如果你必须早点儿离开去接孩子，就这么说吧。如果妻子生病了，而你需要照顾她，那也请直接说出来。与同事寻找共同点，并以此为基础与他们建立更紧密的关系。让别人知道你能够分享信息和建议，你们之间可以互相支持，这会产生很大的不同。这样做也会让你看到，你没有什么可隐藏的。他们只会看到一个更完整的你，而不是一个冒名顶替者。如果能够增加生活的透明度，你就可以慢慢改变自己的生活，你不会再觉得工作和家庭是生活的两个对立面。

停止过度工作，你需要：

· 优先考虑自己。

· 为工作设定界线。

· 不要总是把别人的需求放在自己的需求之前。

· 留出休息时间。

· 学会拒绝。

· 委托他人代办。

· 停止微观管理（这对其他人和你自己来说都很可怕）。

· 开诚布公。

· 严格遵守自己的日程表，不要让要求和承诺成堆。

如果能坚持做到以上这些，你就会腾出很多时间。这样做也会改变原有的恶性循环，让你有机会看到自己的成功。

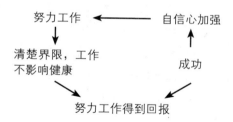

你这样做得越多，做起来也就越容易。它能够让你的工作和生活保持正常运转，而不是把自己推向毁灭的深渊。接下来要讨论的是过度工作的邪恶双胞胎：拖延。

过度工作让你太忙，而逃避也同样会占用你的时间。想一想以下的场景：你今天有一项重要的任务要完成，你坐下来开始工作，但又决定先快速看一下电子邮件，把它们先处理掉；看邮件的同时，你时不时到社交媒体上看看是否有什么更新；不知不觉，你已经在手机上玩了一个游戏，洗了个澡，检查了冰箱里的食物，又泡了一杯茶，就是还没开始工作。

这情形是不是似曾相识？我们时不时都会为拖延家务或不愉快的任务而感到内疚，而我们拖延的通常是一些不太有趣的事情，这一点倒是可以理解的。但是拖延症不只会影响那些无关紧要的事情。通常，有重要的事情要做时，我们会感到有点焦虑。必须要完成的工作会引发一种恐惧感，所以我们不自觉地忽视它，而去做些能让我们感觉更好的事情。

恐惧程度越高，自我调节就越困难，所以当面临一项任务的挑战时，你会转向自己不怕做的事情，受惑于唾手可得的成就感，而不是去解决长期目标。毫无疑问，这里面也有害怕失败和完美主义因素的影响。对于不可避免的事你尽量拖延，宁可被认为是不够努力，而不是能力不足。你会觉得开始着手工作很难，因为你想把每件事都做得完美，于是纠结于哪种才是最好的做事方式。

拖延感觉很像是逃避的一种，但它会让你感觉更糟。它会浪费你宝贵的时间，埋没你的潜力，让你错过重要的机会，难以达成自己的目标；它还会对自尊产生负面影响，并给人带来压力和焦虑。

当你的大脑需要休息时，也会出现拖延的状况。那么为何不选择一个时间专门用来休息？这样既可以放松大脑，又能够提高生活质量，而不会浪费时间总是没有满足感。

对于拖延，通常的建议是继续做需要完成的事，但这种办法实际上并不管用。如果任务这么简单，你一开始就不会拖拖拉拉了！接下来的方法可以帮助你克服这个问题，让你可以有充足的时间去做真正重要的事。试着让自己想想完成任务后的感觉有多好。尽管拖延可能会让你避开不好的感受，但这只是暂时的。从长远来看，事实上会让你感觉更糟，因为它增加了你的压力、羞耻感和负罪感。相反，完成任务后的感受却大不相同。

你还需要记得善待自己，不要忘记自我怜悯。这听上去可能很奇怪，但研究表明，你能做得最有效的事情之一就是原谅自己的拖延。拖延与消极的情绪有关，所以如果你能通过原谅来减少这些情绪，那么下一次你会做得更好。

不要等到自己想做时才去做。拖延者往往犯的一个错误是，希望未来的某个时间点自己会忽然变得喜欢做手头的任务了。事实是这个时间点不大可能会出现。最好的办法就是立刻开始。即使你不喜欢做，你仍然可以将它完成。

如果你志向远大，那么接下来你就可能开始担心，要求如此之高的事情到底该如何着手？如果你能从今天需要做的事情开始，它就会变得更容易操作。你可以运用单核工作法：一次只专注于一项任务，更能够实现自己的目标。大多数事情比预期要花更长的时间，如果任务庞大，试着将它分成较小的几个部分来一一完成。其实，只要迈出第一步，就能够让你感觉自己可以做到，如此就提高了自尊并增强了继续向前的信心。

延迟满足感：与其在工作开始前奖励自己，不如在工作结束后再这样做。另外还可以尝试工作45分钟之后，花15分钟来看电子邮件。切换任务也有利于提高工作效率。

远离让自己分心的东西：如果你在节食，就不要把饼干放在厨房里。关闭社交媒体更新提醒，退出电子邮件账户，关闭所有与任务无关的东西。

最后，一定要弄清楚自己想要做某件事的真正原因。你现在所做的，将来会给你带来哪些更好的东西？你为何会从中受益？把你的目标具体化，想想目标达成后你会得到什么。

记住，即使出发点再好，每个人时不时都会犯一点拖延症。嘴上说要做的事和实际做到的事，两者之间的差距比你想象的要大。想想那些带着极高的热情办了健身卡，但却永远没去过的人。如果你的确有拖延的习惯，不要让它成为另一种你自责的原因。

逃避还会让许多冒名顶替综合征患者努力规避风险。相比过于乐观、犯错或冒险，专注于已经了解的事物会让人感到更安全。有些风险规避是正常和必要的，比如，如果某次过马路时你险些被车撞到，那么从此你选择从红绿灯路口过马路，这就是一种规避风险的恰当反应。但是，如果你决定从此不再过马路，那就属于过度反应了。之后，你可能会开始做些越来越荒谬的事情，以避开那些明明十分安全的活动。作为冒名顶替者的信徒，你会从各个方面来为这些行为寻找借口，例如它可以避免负面评价、避免失败、不必尝试新事物等等。你宁愿保持现状、让事情顺利进行，但同时这也代表着你会错失进步的机会和风险更大的选择，而这些选择有可能带来更大的收益。

请记住，重要的不是不惜代价避免风险，而是要灵活应对。根据你迄今为止所学到的经验，想想有什么事值得你去冒一次可控范围内的险。我们将在第十五章中介绍如何走出你的舒适区，以此帮你挑战自己的极限，为自己创造更多的机会和可能性。

第三步：开始真正的生活。

以前，你不允许自己放松和享受，但现在，你应该有更多的时间来考虑给自己的生活带来一些平衡。快乐和放松这两个字眼，

以前可能像脏话一样令你不可接受，但这种状况即将改变。享受
生活的同时，你仍然可以实现自己的理想。为自己留出时间就等
同于懒惰？你早就应该抛掉这种旧观念了。

听上去可能老生常谈，但你首先要做的就是照顾好自己。这
表示你要吃得好，喝足水，保持充足的睡眠和锻炼，这些都是美
好一天的基础。

不仅是在基本需求方面，要找出自己真正快乐的源泉，对自
己慷慨一些也同样重要。参加有意义的活动，自我关爱和有同情
心是感到快乐的关键。不要把这些看作是浪费时间，而要把它们
当作是在自己身上投资的时间。如果你希望能像现在一样继续取
得成功，那么关爱自己并不是种自私，而是一种必要。

感受是人们做出的所有选择的产物，尤其是每个人每天做出
的那些微小选择。没有时间休息或反思，你会让自己精疲力竭。
如果不抽出时间去做些令人情绪高涨的事，你会发现自己很难感
到快乐。你翘首以盼大事发生，却会错过一天当中所有那些美妙
的小事。你需要去感恩自己已经拥有的一切。

要获得真正的满足感，你需要做三个简单的改变：慢下来，
空出时间，专注于自然健康的事物所带来的快乐。

作为开始，先试着放缓每天的节奏。如果以每小时 100 英里
（约 160 公里）的速度行驶，你很难做到享受生活。减速并关闭
自动驾驶，就可以为其他事情留出空间。与其等待实现远大目标，
不如试着练习感恩来欣赏已经拥有的东西。这一策略对于培养积
极的关注点非常有用，它能够以最简单的方式改变我们对生活的
看法。

去想值得感恩的事情时，我们会强迫自己的思想集中在已经

拥有的美好事物上，而不会去想我们没有的东西，或去寻找新的事物。这样做有很多益处——感恩的人更快乐、更健康、更充实，而且做起来一点儿都不难。另外，心存感恩之心让我们更善于欣赏和留意到生活中其他能激发感恩的事物。这是一种不断发展的行为，是通往幸福的永恒之路。

接下来，你需要给自己留出一些空余时间。以前人们的一天中都有些自然的停工期：望望窗外，做做白日梦，或者发会儿呆。而现在，人们无时无刻不在忙着看手机、回复电邮或付账单。你可能认为那是在充分利用时间，但你的大脑却不会如此理解。工作和思考的间歇它需要休息，如果被不断进行信息轰炸，它就会变得超负荷。请用这个论点来提醒自己，不是所有的时间都必须做到富有成效，我们不需要一直做事或思考，因为我们不是机器。如果不留出充足的个人时间，即使现在你能够达到自己的标准，那也是无法长久持续下去的。

我们的文化让拒绝成为难题。如果机会不再出现怎么办？难道我们不应该把人生过到最充实吗？答案只有一个字，不！你不需要对每件事都说"是"！学会拒绝是一项重要的生活技能。你需要将自己的期望调整到适当的水平，放弃机器化思维，有时候你得少做些，才能做到最好。

如果你的日程表太满，根本没有时间停下来去做自己喜欢的事，而且你太累了，即使做也无法乐在其中，那么一切又有什么意义呢？让身体和精神得到休息和恢复是健康和幸福生活的必备条件。你可以尝试为自己计划个没有特定目标的早晨，或者让自己一次只做一件事，而不是三件！

最后，你需要为自己喜欢的事情腾出时间。我把这些事称为自然高潮，它们能够让你感到充满活力，比如大声播放你最喜欢的音乐，跑步、户外活动，工作取得成功，做一顿美味的饭菜，或者参加某个表演社。自然高潮反映我们的社会关系，让我们感受到爱与被爱，让我们对感恩之事予以回馈，成为比个体更伟大的事物的一部分。

追寻自然的高潮，找出让你感觉有活力的东西，也是取代完美主义需求的好办法。成就不是感受快乐的唯一途径！与其按照自己的标准，拼命从每件事情中获得满足感，不如每天去寻找你周围的美好事物；与其试图让世界屈从于你的意志而伤害自己和周围的人，不如接受它的本来面目，欣赏它每天的辉煌，即使它不符合你对完美的定义。

请牢记本章的内容，并花时间思考自己真正想要的东西。它不需要很复杂，这不是要找到某个完美的公式，也不是要找一种新的做事方法。它只不过是让你走近自己的生活，走近你关心的每个人。你要确保仔细聆听自己的身心，睁大自己的双眼，这样你才能欣赏这个世界，欣赏它的美丽和奇迹。

· 什么才是更合理的生活方式？
· 如何才能放慢节奏？
· 为了能给自己留出空余时间，你能做些什么？
· 你在日常生活中能享受到什么？

这些想法也不必一成不变，尝试它们并看看对你是否适用。我建议你保留改变主意的权利。如果哪种想法不起作用，可以按照自己的需要做出调整和改变。

把生活当作一场冒险

记住，生活不是一场实现目标的比赛。我喜欢把生活想象成一次冒险，一种可以体验的东西，而不是一座可以征服的大山。不管是中途停下来还是偏离了路线，你都是在探索，都是在从所做的事情中尽可能多地汲取经验、去学习、去犯错。探索还让你有机会倾听自己的想法和感受，在旅途中照顾自己，并根据情形选择不同的冒险。

目标可能成为冒险的基础（它是出发的原因），也许听上去奇怪，但达成目标并不重要，你如何到达那里才是最重要的。对于自己能成就什么，你也许无法掌控，但你可以决定如何花掉生命中最重要的资源——时间。专注于过程会赋予人生意义，并带来更大的幸福感。成功只是前进路上的副产品，而不是你需要为之奋斗的东西。

第十三章　调整你的标准

没有人知道所
有答案。但我认为
那是件好事。

现在你应该清楚，每个人都会觉得自己或多或少有冒名顶替者的嫌疑。我们都是人，都会有一定程度的自我怀疑，偶尔都会有不安全感、缺乏自信的情况出现。我们已经讨论了过度工作和逃避的问题，现在我想消除这种想法，即你需要通晓一切，只有你凭一己之力创造出来的才算成功。如果你的能力类型是专家和独奏者，请注意啦！

到目前为止，我已经通过研究发现你对自己持有很多认知偏见。

知识不够渊博，不够聪明，还欺骗了所有人，让他们认为你的能力比实际上强。虽然我仍非常希望你能改变对自己的这种看法，但首先我想跟你解释一下，事实上，这恰恰表明你非常胜任这份工作。要做到这一点，我们来看看邓宁－克鲁格效应，它是一种认知偏差现象，指人们认为自己比实际更聪明、更有能力，恰好与你持有的自我偏见相反。

心理学家大卫·邓宁和贾斯廷·克鲁格进行了四项研究，发现在幽默、语法和逻辑测试中，得分最低的四分之一参与者，却大大高估了自己的测试表现和能力。

在他们的论文《能力不足却不知情：对自身能力不足的困难认知导致自我评价过高》中，邓宁教授指出："一个人是否具有完成某项工作所需的知识和智慧，也决定了她／他是否能意识到自己能否胜任这项工作。如果一个人缺乏这样的知识和智慧，那她／他也认识不到自己无法胜任此项工作的事实。"教学员提高考试成绩的技能也有助于他们提高自我意识和自我评估能力。

从本质上讲，不称职的人往往无法认识到自己的不称职。这意味着，仅仅担心自己能力不足这一点，你就已经表现出更强的自我意识和自知之明。

让我们以学习一门语言为例：你的一位朋友计划去法国旅行，所以决定学法语。开始学之前，他对自己学习法语的能力信心极低，因为他一个单词都不认识。他面临的任务看上去十分艰巨。

然而，经过几周的学习，他意识到自己已经学会了很多法语词句，甚至能用法语进行一次完整的对话。于是他的信心高涨，认为学习新语言一点儿也不困难，因为他觉得自己差不多都能达到流利水平了！这就是邓宁－克鲁格效应。要成为法语专家，你的朋友还有很长的路要走，他只掌握了基本的会话法语，却高估了自己的能力。

但如果你的朋友想用法语写封信，或者读本难懂的法国小说，他很快就会意识到自己还有很多东西需要学。尽管他现在懂得的法语远比刚开始时多，但他的信心反而可能会大幅下降。只有通过不断的学习和更多的理解，他的信心才会再次增强。

这种情况适用于生活中的许多事情。在最初的信心高涨之后，我们会遭受挫折和失望；学到的越多，就越意识到自己不了解的东西还有很多，学习是无限的而不是有限的。但是，当战胜这些挫折并继续前进时，我们的信心会再次增强。也许我们不能知晓这个世界的全部，但我们会变得更加自信，具备应对任何事情的能力。我们一生都在不断学习，在我看来，这是生命对我们最伟大的恩赐之一。

建立早期信心有很多好处。我认为这是因为我们需要相信自己能够成功地接受挑战，这种早期的乐观表明我们希望努力获得自己想要的东西。想象一下，如果非常年轻的时候，你就知道生活会有多艰难——找工作、租房、买房的压力，以及有了孩子后生活会发生怎样的巨变……你需要信念和信心，这样你才不会错过为这些事情而奋斗的所有辉煌经历。

对于冒名顶替综合征患者来说，触发点就是意识到自己并非知晓一切，这让他们错误地断定自己一定是个骗子。情绪也会影响你对自己的了解程度，以及你是否能看到自己的进步。恐惧和低落的情绪会让你感到不那么自信和安全，而积极情绪则会让你感到更自信。我希望你能够明白，谁也不可能知道所有的事情，如果这是你为自己设定的目标，那么也难怪你会对人生感到失望了。试着想一想你是否认识某个无所不知的人，我觉得你应该想不出来。但如果你认为自己确实认识这么个人，你确定他们从来不需要帮助，不用查任何资料，也不会跟你说他们要核实之后再告诉你答案吗？

没有人知道所有答案。但我认为那是件好事。我希望你还能够明白，因为自己有所不知而产生的不适感也非坏事。到目前为止，你应该认识到这并非你是冒名顶替者的证据，而是每个人走出自己舒适区时的正常感受，你应该能够以不同的方式看待它。调整一下角度，看看自己能否意识到，这些恐惧会让你更乐于学习，它意味着你更好奇，并帮助你进步和发展。它可以激励我们去学习、提问和成长，是帮助我们进步的动力。我们将在最后一章对此进行详细讨论。

开始新角色

如果你是学生、培训生或学徒，那就表明了你在学习并接受教导的身份。看看这些称谓，它们可不是教授！好好利用当学生或受训者的机会吧，因为这时候人们并不期望你什么都知道。你还没有机会学习怎么可能了解相关知识？没人期望你刚来班级就已经是专家，那样的话这门课还有什么意义？不知道所有的答案，你反而会是个更好的学生，更容易教！当我还是一个实习临床心理咨询师的时候，这对我产生了非常深刻的影响。

如果你被赋予了新角色，那不是由于人们认为你已经是专家，而是因为他们看到了你的潜力。当开始担任某个新角色或加入新公司时，记住自己是个新人，你还不可能完全了解有关这个角色的一切。同事们会期望你在工作中学习，这样日后你就能够成长并胜任这个角色。适应并熟悉一个新的环境至少需要三个月的时间；形成规律的工作生活习惯又需要六个月的时间；而你很可能要用上一年时间，才能真正感到得心应手。

不要认为自己应该知晓一切，而是把自己看作一个学习者：

- 诚实地对待你知道和不知道的事情。
- 学会说，"我不知道答案，请等我查过之后再来告诉你"。
- 查找不明白的事情。
- 寻求建议和帮助。
- 提出问题并接受帮助。
- 参加研讨会，参加培训课程和会议。
- 善待自己，保持耐心。

告诉自己，你会努力学习以适应新角色，这让你感到自己在变强大。提醒自己：

- 没有人能无所不知。
- 这对我来说是新的知识或技能。
- 我正在进步。
- 我暂时还没有足够的技能，但我会让自己成长以名副其实。
- 没人期望我能立即成为专家。
- 我只需要保持学习的热情，并时刻准备接受新的知识。

如果一直要等到知道得足够多，你才会认为自己合格，那你需要等很长的时间。没能知晓一切，并不能成为拖延的理由。

对自己的知识有信心

即使你知识渊博或已经在某个岗位上工作了很长时间，你也不可能什么都知道。通晓一切的想法是非常有局限性的。如果所有伟大的思想家都认为自己无所不知，那他们就不会奋发向上，也就没有令人振奋的信仰飞跃了。

无论你在哪个领域工作，它都将不断地发展和变化。如果你对自己的工作感到自豪，并想从中获得成就感，那么就要在自己的岗位上继续学习，并让这成为一种习惯。如果你不知道问题的答案，坦然承认这一点，并说自己会去把它找出来的！

想一想：

·如果有人对你说"我不知道"会怎样？你会认为这种回答不好吗？

·要成为专家，你真的需要知道一切吗？

·你在自己身上运用的规则，你认为适用于其他人的规则，这两者之间是否有什么不同？即使你的老板对自己的工作已经很精通了，但他偶尔也有不知所措的时候，这难道不是可以理解的吗？

帮助和协作

重要的一点是：你的知识是否足够找出方法或答案？知道自己在做什么并不代表你什么都知道，而是意味着你需要自己了解其中的一些内容，并准备去寻找未知事情的答案。

·你能运用自己的知识寻找正确的答案吗？

·你知道如何才能找到未知问题的答案吗？

·你知道在哪里查找相关信息吗？

·你的实用技巧能够帮你找到答案吗？

·你认识能提供帮助的人吗？

　　支持、帮助和协作不会抵消你的努力，它们是将事情做好的途径。梅茜就是最好的例子。尽管已经相当出色，但她始终认为并不擅长自己的工作。以下是她的故事。

　　我不明白他们为什么认为我很出色。我觉得自己的工作表现被过誉了。每个人似乎都很喜欢我，但我也不知道他们喜欢我什么。我实际上也没做什么，只是跟同事们相处得很好，跟别人聊聊一点儿都不难。我能够记住别人，知道他们谁是谁，我只是利用了这一点。我觉得自己之所以受欢迎，是因为我的友好和笑容，并且我是金发，毕竟我身处一个男性主导的行业。我并不知道任何答案，只是善于去找出它们。如果我装弱扮乖乖女，就不用承担太多的工作。如果不是因为这样，我也不会做到今天的位置，也推脱不掉我该做的那些事情。

　　我是个骗子，我完全依赖别人。我不太知道如何做决定，只知道该去问谁。这是顺理成章的啊，任何人都能做到。我就只是问问题，然后让其他人来帮我做。但不知怎的，我总是能把事情做好。我还让人们相信他们想听我的建议，并让他们认为这是他们自己的想法，这样一来他们就更容易接受那些建议。真的，这是我的另一个小把戏。其他人也许会去创建文档、做案例研究或写个PPT，但我就只是找别人聊一聊。

这周工作中碰到个问题，他们让我去查一下。我不知道问题出在哪儿。我浏览了一些网站，找几个顾问谈了谈，然后又去请教了公司的几个大拿。然后我就想出了答案，为此他们都认为我做了大量的工作。但我认为自己做得根本不多，有时我怀疑答案是否真的正确，也许我错过了什么。万一我不认识那些人呢，或者万一我问错了问题呢？

我想我听上去还总是一副胸有成竹的样子。只要别人告诉我一件事，我马上会记住它，但我只是在重复别人的话。我就像只自信的鹦鹉。我所说的那些都不是我自己的工作或想法。

我的上一家公司对我评价也非常好，但那只是因为他们公司文化太温和，完全不会给任何负面反应，跟我好不好一点儿都没有关系。

如果想让成功更实至名归，我必须付出更多的努力，而我做得差远了。如果我工作做得比现在多，有更多的成果，那么别人说我好我也能理解。如果能够提高效率，也可以做更多的事情，但我却总是拖拖拉拉。我把时间都浪费在社交媒体上，工作效率也就只有10%。

我每周只工作四天，却总是能颇有成果，但这是因为我能够跟人交谈。多年来，公司都在努力说服其中一家分公司转换成新的工作方式，但后者始终无动于衷。后来公司让我参与到这件事情中，于是我去找分公司的每个人详谈，充分了解他们的担忧。听了他们的话，我知道了他们的需求。

然后我组织了一个研讨会，邀请了所有相关人员，以便他们能够亲自回答各种问题。会议结束后，那家分公司的财务总监联系到我，说这是个很好的安排，她现在已经明白了新工作方式，并完全支持它的实施。

我的领导走过来，把手放在我肩上。他说："你太棒了，真不敢相信你竟然让他们同意了。"但我觉得自己只是在正确的时间和地点找到了正确的人。我如同对待身边的普通人一样跟他们谈谈，而不是害怕表达自己的意见。这实在没什么特别的。

上面的故事说明，某些时候，有所不知是种力量！它驱使梅茜在需要做什么的时候去和人们交谈。有不同领域专家的意义就在于此——你不需要每次都亲自从头来过。

经过一段时间的考虑，针对梅茜对自己的评价，我们拟出了一些不同看法：

·不是因为我是女孩！他们只把我看成是女性中的一员，否则他们就不会重视我。

·由于我的建议，公司节省了数百万美元的开支。

·我能问到对的人研究和解决问题，这是一种优势。

·整合并记住信息并不容易。

·提取核心想法和解决问题不是任何人都能做到的。

·每个人都会有拖延的时候，这并不代表他们没有做好工作。

·没人能做到100%的工作成效。

·在任何工作中，建立良好的人际关系都非常重要。

我们把梅茜的角色比喻成一名负责建造房屋的项目经理。也许项目经理不会推倒墙壁，安装电气设备，进行粉刷或装潢，但他们知道谁能够高标准地完成这些工作，并且知道如何能最有效

地发挥每个工人的价值。能够做到这些是一种能力，而且是相当
了不起的能力！

对自己的强项和弱点要实事求是

如果你亲力亲为每件事，觉得工作在不停堆积，不妨先停下
来，让自己明白，做不完这些工作不是因为你不够努力，而是因
为工作量太大。成功意味着知道如何完成工作，同时也意味着知
道自己的极限。

你还可能觉得自己别无选择，但那是另一个谎言，只会让你
陷入过度工作和追求完美的恶性循环。如果事情毫无效果，你需
要尝试改变它们。如果你会做事，同时又能照顾好自己，人们会
更加尊重你。如果你为自己工作，那么你需要静下来认真思考你
真正想做的东西。

如果你在一家公司工作，那请和你的老板谈谈，讨论一下怎
样的工作方式才更现实，如果你不这样做，那么他们可能会利用
你。公司会感激你大声说出自己的想法，而不是默默地忍受痛苦。
而如果你觉得自己的话并没有被认真倾听，也请不要再认为自己
不够好，而是想想你是否还有其他选择。这些选择都并不容易，
但这就是人生。凭一人之力承担所有，别人不会为你树一座丰碑。

你的健康是不可替代的。你有责任管理好工作量，并照顾好
自己。其他任何人都不能替你做这些，并且他们也没有这样做的
义务。你是个成年人，有能力自己处理这些东西。

· 你可以要求更多的时间。

·如果你有很多工作要做，最好让你的老板帮你划分出重要的事情。

·如果你不清楚某件事情的需求，可以去索要更多相关信息。

·如果需要，你可以去申请更多的预算或资源。

·珍视自己和自己的健康至关重要。

虚张声势

尽管将自己的知识和能力开诚布公是件好事，但也不妨为自己留一点儿虚张声势的余地。这个想法的关键在于，你要明白这是生活中很自然的事，并不意味着你本质上不够好。你可以向对方暗示自己信心十足，即使实际上你没那么确定。要知道其他人都会这样做！他们并不总是了解所谈论的领域，但即使没有相关知识，他们也能给人留下很好的印象。即使觉得自己没有100%准备好，他们还是会去接受某个新的挑战；即使没能满足工作要求上的所有条件，他们还是会去申请这些职位。他们并不见得能力比你强，他们只是对自己更有信心。

是时候相信自己了。你有很好的经验，所以要相信并跟随自己的直觉。你有好几种想法，但并不确定哪一个正确，这很正常。你可以选择其中一个，然后，在它的基础上进行构建，同时去获取更多信息，以了解下一步的发展方向。这只是你一整套方法中的一个。这并不意味着你应该表现得无所不知，也从不需要帮助，但你应该明白偶尔的虚张声势是正常的，这不会让你成为骗子。你可以即兴发挥一下，让自己更适应有所不知的情形。有时候，只有踏入未知领域或大胆冒险，你才能真正了解自己的能力。

　　虚张声势和欺骗是有区别的。你不能设法进入一个自己一无所知的行业。你所选择的东西，必须是以具备相关的核心技能和知识为基础的。要相信自己有能力解决一切问题。在开始任何一件事之前，你不需要通晓所有的一切；但是相信自己会让你信任自己的能力，并将你推向新的人生高度。

　　请跟我重复说："我永远不可能知道一切"。世界上没有人能够知道一切。

第十四章　振奋你的精神

> 如何度过每一
> 天，决定了我们的精
> 神状态。

　　你的成就是你的才华和努力的结果，希望这条
简单的信息能直击你的内心。我想让你巩固对自己
的新看法，接受你已经成就的一切，并坚定地相信
自己的能力。

　　在最后的两章中，我希望你能够找到最佳的
方式来保持这些新见解，并警惕冒名顶替综合征
的任何迹象。我将介绍一些新的应对策略，以取
代我们摒弃掉的旧策略，让你以最佳状态继续在
人生中前行。

　　正如书的开头部分所说，冒名顶替综合征是自
我怀疑的生存策略的一部分，它引导我们远离潜在

的风险或失败，使我们更加努力地工作，并防止我们因为荣誉而不思进取。到目前为止它都在影响着你，让你因此而做出牺牲，剥夺你取得潜在成就的机会，并让你无法欣赏自己的成就，而现在是时候全面认识到这些问题了。

有了这些新见解，你现在已经可以更好地识别出冒名顶替综合征的声音，而除却这点，能够更加积极地维护自己的心理健康也很重要。当工作很忙的时候，你很容易会想：再坚持一下，等忙过这段时间，生活就变得更轻松，而大脑也会自我恢复到良好状态。或者对你来说，精神放松意味着得做一些大事：度假、做一整天 SPA，甚至是换工作或搬到另一个国家。而事实上，谈到对心理健康的维护，你每天的生活方式才是至关重要的。当人感到快乐时，记住自己所学的一切并付诸实践也会变得更加容易。

尽管你可能认为，幸福是有一天会降临到我们身上的事，但研究证明，多达 40% 的幸福感与我们的日常活动和所做的选择有关，只有 10% 的幸福感是来自外部环境的影响，另外 50% 的幸福感被认为来自我们的基因。这说明你可以积极采取措施保持健康、坚强的心理，这不仅会让你感到更快乐，而且还可以防止冒名顶替综合征的发生。

我认为在照顾自己这件事上，从每天点点滴滴的小事做起才是最重要的。如何度过每一天，决定了我们的精神状态。以下谈到的策略都是基于这一点而设计的，因此它们会很容易与你的生活相融合，积极维护好你的心理健康。

在这一章中，我们将讨论焦虑和低落情绪；在最后一章中，我们将讨论自信心。请尝试所有的策略，这样当问题发生时，你就能够有一系列选择来加以应对。

告别焦虑

冒名顶替综合征通过恐惧来实现对你的控制。感到害怕的时候，你会更加难以记住自己所学到的东西。而在焦虑时，你的身体和精神都会产生紧张反应：你的大脑嗡嗡作响，开启或战斗或逃跑模式；你的肾上腺素激增，心率提高，在高度警觉和持续紧张状态下，你变得焦躁不安。这些感觉又进一步向你证实，一切都不顺利，从而进一步增加焦虑，让恶性循环继续。为了防止冒名顶替综合征，重新获得控制权，你需要降低自己的焦虑水平，以下是五种技巧：

记住所有的感觉都会过去

要记住焦虑是种正常的情绪，并且它是有一定积极作用的。这种情绪是你身体对外界状况反应的结果，它出现的初衷是要保护你，其最基本的作用是要提醒你注意潜在危险。当你身处不舒服的状况中时，焦虑是很正常的情绪反应，它并不代表你是骗子或犯了严重的错误。它促使你为将来做好准备，集中精神、磨炼意志；它还会提醒你什么是重要的，并在必要时激励你。因此我们的目标并不是要完全消除焦虑。

焦虑可能让你感觉不太好，但并不会伤害你。它不会无限增加，而是达到一定峰值后会自然下降。了解到这一点可以让你变得更强大，并利用这一知识将同情心引入到自己的感受当中。当你再次感到焦虑时，启用同情心来安慰自己。

记住，感觉有点像云：它们并不会永远停在那里，而是在飘走之前在头顶稍做徘徊。虽然我们可能更喜欢所谓"好"的感觉，但是所有的感觉都是有效的，正是因为具有各种各样的情感，才让我们有别于其他物种。如果你正经历某些黑暗困难的时刻，请记住你的感受反映的并不一定是事实。感受也并非我们的全部，我们有诸多选择来处理应对它们。所以请提醒自己，这些感受只是暂时的，乌云过后总有阳光。

不要相信焦虑性预测

在一项研究中，参与人员被要求写下自己的担忧。后来，他们又被邀请回来印证哪些担忧成为现实。结果是：大约85%的担忧并没有出现；而尽管有15%的担忧成真，这其中又有79%的受访者表示，要么他们能够比预期中更好地处理这些困难，要么这些困难给了他们一个值得学习的教训。换句话说，他们的担忧也没有真正成为现实。

如果将这组人的比例与85%担忧未实现组相加，我们可以看到，共有97%的人，他们的担忧并没有成真。这证明了焦虑性的预测很少是正确的。请记住，97%的焦虑是你的大脑对子虚乌有的事产生的想象。即使你担心的事情确实发生了，提前焦虑也很少能为你找到解决的办法。为了向自己证明这一点，在接下来的一周里，请参考下面的表格记录下你的担忧：写下你打算做什么，然后写下任何焦虑性的预测，接着是结果和你的感想。

焦虑性预测跟踪表

行为	焦虑性预测	结果	比预想中更好还是更坏？	感想
着手一项重要工作	结果不会好，会有很多负面评价。	一开始我有点拖延，但工作做完后所有人都很满意。	更好	我在规定时间内完成了工作。
主持一场会议	我会说错话，让别人看笑话。	我很紧张，但没人注意到，我很享受主持的过程。	更好	我为自己的努力感到非常开心，并很高兴自己敢于接受这个挑战。
工作评价	我会得到负面评价。	虽然我的确得到了些负面评价，但结果仍然比想象中好。	更好	我有点失望，但同时提醒自己所有的评价都是学习的机会。

这张表格会让你有机会对自己的预测进行跟进，看看到底发生了什么，这样你就可以将结果铭记于心。你也可以用它为自己的将来打气。下次如果你觉得缺乏信心时，提醒自己，你之前也曾经历过自我怀疑，但最终还是克服了自己的担忧。你担心的是什么？你采取了什么方法取得了不同的结果？当你感到更自信时，请再往前走一步，有目的地测试自己的恐惧。

利用心灵－身体的连接效应

要平复自己的情绪，改变身体上的感受是另一种简单有效的方法。情绪会影响身体的感受，反之亦然。大脑和身体不断地互传信息，共同照顾你，让你保持健康状态。当想到最喜欢的食物时，你的嘴巴会流口水；当你胃空了时，它告诉大脑你饿了，需要食物。同理，你也可以借助身体来让自己感到平静。

当出现战斗或逃跑的反应时，实际上你可能并不需要逃跑以摆脱压力源，但身体却会做出"你需要逃跑"的反应。你的心率加快、呼吸急促，你开始冒汗、肌肉紧张——这还只是几个常见反应。这种情况下，可以用深呼吸法来缓解并远离这些压力反应，使你的神经系统平静下来。深呼吸还会为你的身体和精神带来一系列的好处。

呼吸就像是一个锚，无论你走到哪里，它都伴随着你，是缓解压力感非常简单有效的方式。请尝试4—7—8呼吸法，让身心协同为你服务：

· 将一只手放在胸前；

· 将另一只手放在肋骨下的腹部；

· 缓慢而深入地通过鼻子吸气，同时在心里数到4，让你的腹部鼓起，胸腔充满空气；

· 屏住呼吸7秒钟；

· 尽可能安静地通过嘴慢慢呼气8秒钟，感受自己的腹部向内凹陷，胸腔回落；

· 重复以上动作3—5次。

当大脑感到超负荷时，你的身体也容易受其影响。如果你感觉呼吸法没有帮助，那么可以去寻找行之有效的其他方法。运动能够很好地降低体内的应激激素水平，它会刺激内啡肽的产生，让人感到更加放松和乐观。你可以选择任何对自己最有效的方法，例如肌肉训练、冥想、瑜伽、普拉提等等。

管理好不确定性

焦虑的主要诱因之一是不确定性。但问题是，焦虑的时候，你可能会更质疑自己，因此这一系列的反应并没有帮你解决问题。想一想在电视智力竞赛节目中，当主持人问："你确定吗？这是最终答案吗？"通常选手认为自己知道正确答案的信念便会消失或明显降低。他们越质疑自己，就感到越不确定，因为怀疑只会滋生更多怀疑。太多的疑问和分析并不会帮到你，反而会让你感到更不确定！那么有没有别的选择呢？

你永远不能保证100%的确定性，因此，与其努力让自己变得更确定，更好的办法是提高对不确定性的容忍度。现代生活并没有给你很多机会去实践这一点，一切都是即时的。比如你发一封邮件会立即得到回复，使用导航程序可找到最佳路线，同时避开堵车风险，或者无须等待就可以一次性追完所有的剧集。结果就是，我们几乎没有任何不确定性的经验，也很少有不知道的东西。努力寻找让自己会"有所不知"的经历，比如一天只看两次邮件，追剧时，隔一段时间再去看下面的剧集。练习越多，就越容易提高对不确定性的容忍度。同时也要提醒自己，不确定性并非一件坏事，它只代表着你尚未知道答案。

将成功可视化

我们大脑的注意力经常会集中在那些可能出错的事情上，却很少关注到正确的可能性。假设你要参加一场大型活动或面试，并因此而感到紧张害怕，那么你心里就已经在消极地思考整件事情了。虽然只是想象最坏的情况，但你身体和情绪的反应会跟最坏情况成真了一样。

相反，你要想象自己成功的样子。下次为重要的事情做准备时，试着抛开所有消极杂念，想象自己最棒的状态。运动员和演员经常在比赛或表演前练习这种技巧，这会帮助他们的思想和身体重现想象中的场景。不妨试着将某个事件中所有可能的积极结果都想象一遍，让自己能够看到、听到、感受到成功而不是失败。

想象最好的自我：

·想象一下自己最自信的一面，例如想象一下，今天是你有生以来状态最好的一天。

·你会自信、谈吐清晰、知识丰富，因此要看上去更加自信和无畏。

·身体的姿态与自己想象的样子保持一致，站直、肩膀放平、抬起下巴。

·完整精确地在脑海里想一遍你最期望出现的结果，不要放过每一个细节。这个自信版的你会如何说、如何做、如何想、如何去感觉呢？

·一如你真心希望的那样去看待自己的成功。

·重复以上步骤，并反复练习！

控制情绪

想要保持精神健康，下一个要克服的对手就是情绪低落。好的心情会拓宽人的思维，使一切都变得更有可能；而情绪低落时，一切似乎都变得困难，让你忘记一路走来的成就，忽视自己的能力。请尝试以下这些策略，并记住最适合自己的那个。

避免自我审查

你可能觉得别人会时刻关注你的生活，但事实是大多数人对自己更感兴趣，这并不能说明他们是消极或自私的人，他们只是专注于自己的生活，忙着应付自己的不安感和恐惧。他们的脑海中从未闪现过你是冒名顶替者的想法，要时刻提醒自己这一点。

我们审视自己和审视他人的方式完全不同。我记得曾和儿子参加过一个歌唱小组，小组的领队有时会像螃蟹一样在地上四处爬。我从没有想过，如果换作是我，这样做会不会因此感到尴尬。我只是看着，想着孩子们是多么喜欢它！之所以告诉你这件事，是为了让你坚信没有人真正关心你所做的事情。即使有个人在地板上像螃蟹一样乱爬，你眼皮都懒得抬一下。

别人不会对你进行密切关注。你可以自由地去做自己想做的事情，不用担心别人的想法。

表达自我

除了要避免自我审查，你还要习惯于说出自己的想法。冒名顶替综合征让你担心自己会说错话，或者被别人揭穿。如果想法还在脑海中，你会感到很自在；而一旦要把它们说出来，你就会担心别人的指摘。你会觉得所有人都会围过来，你会成为众矢之的。但事实并非如此。

想象你在参加一个会议，会上有不同的人讲话，你会字斟句酌地审视他们所说的吗？还是说只把他们的意见当作有效的参考？即使你认为他们错了，这会改变你对他们的看法吗？我想应该不会。如果你认为他们是错的，并在当时（有时会有这种情况）对他们有所指责，那么会议结束后这件事你又想了多久？这会让你质疑有关他们的一切吗？我想还是不会。你可能根本都没再去想它了。

试着把你的意见告诉别人，说出自己的想法。下次再参加会议时，要勇于发言，思想和思想的碰撞能让会议更有趣。质疑现状是件好事。对于任何组织的计划或项目的成功来说，不同的意见和选择都是至关重要的，需要有人能够思考差距、指出问题、预测潜在风险，使想法变得更好、更强、更有实现的可能性。如果有问题，那么请提问。如果你不理解正在讨论的话题，很可能房间里的其他人也不理解。最后，当开口说话时，请不要先道歉，因为不断为自己道歉，表明你认为自己很差。

避免陷入比较陷阱

想象以下场景：你决定亲自去发掘潜在客户，因此要去参加一个交流互动会。你胸有成竹地准备了很多名片，希望能给人留下深刻印象。但到了现场，却是另一番景象。活动中你听别人谈起他们的工作，顿时感到相形见绌。把自己和别人做比较时，很容易会让自己感觉不好，而问题并非出在你的工作上，而是因为冒名顶替综合征。

我们总是希望能在态度、能力和观念的驱使下评估自己，并且为了做到这一点，我们经常将自己与他人进行比较。这在某种程度上可能有帮助，但前提是，你要确保自己不会对他人做一些先入为主的假设。比如他们聪明又自信，能够掌控好一切，从来不会怀疑自己，等等。

这种比较方式是不公平的：我们片面地截取了别人显示出来的最好的东西，并没有看到他们生活的全部。由此我们还让自己相信，这才是应当追随的生活方式，并认为现下的自己不够优秀。

社交媒体进一步强化了这种讯息。它令我们的社交变得更加便利的同时，也让我们感到不自信和被评判。我们可以选择向他人展示什么，只将生活中雅致的一面与人分享。虽然我们只是在展示自己的优点，但却忘记了其他人也在做同样的事情，所以比较就开始出现了。

尽量不要陷入比较陷阱：

·请注意不要将自己的内心感受与他人展示出的东西做对比。人们所描绘出的画面往往与内心感受截然不同。记住，你不知道别人心里在想什么。

·你所看到的只是故事的一部分。在社交媒体、杂志和派对上，人们都展现出自己的最佳状态，但这并不是全部，光鲜表面下的东西你并不知晓。

·请记住，没人能够一直镇定自若。

·想要充分利用社交媒体，请确保与那些你珍视的人保持联络，与支持自己、关爱自己的人多做互动交流。相比于窥探隐私，通过这些平台与他人进行积极接触会更有利于保持良好的心情。

·下一次发现自己又在消极比较时，请停下来。通常这些想法会无意识地跳出来，所以我们并不知道自己在纵容它们。因此请开始留意它们的出现，以便抓住机会采取行动。

·要为自己的所作所为感到自豪，而不是同他人进行比较。

·最好的做法是不要将自己与任何人进行比较！每个人都是不同的，别人的成功或失败不会反映在你身上。用它们作为自己的灵感或动力，而不是打击自己的炮弹。

记得关闭自己

如今技术让人们与外界的连接更加紧密。许多人早上起来第一件事就是拿起手机。你才刚睁开眼睛，就直接被拽入了一个不属于你的世界：别人的生活和工作、新闻以及随之而来的压力、比较和期望。

工作、社交和家庭之间的模糊界线让人每一秒钟都不得闲，我们几乎无时无刻不跟手机、电脑、平板待在一起。登录、点赞、留言、关注已经是现代生活的主流。我们甚至连蹲马桶的机会都不放过！每当你在工作、查看、更新或回复时，就相当于让自己处在"打开"状态，而一直处于这种状态是很累的。并且严重时，它也成为一种逃避的形式，因为它是如此吸引人，让你忽略生活中发生的其他事情。

技术是非常棒的工具，但如果想对它进行最好的利用，就必须在它周围设置一些界线。要意识到技术会对情绪和睡眠产生负面影响，还会占用你的私人时间，因此一定要让自己时不时从技术中脱离出来。

问问自己：

· 这就是我要度过大部分空闲时间的方式吗？

· 为自己制定一个工作日程，规定好固定的工作时间并认真坚持。如果严格遵守，你会惊奇地发现别人很快就开始尊重你的时间（这个方法同样也适用于度假）。

· 将手机放在卧室外。

· 想一想你希望如何度过自己的时间（回顾第十二章）。

· 睡前至少一小时退出社交应用。

尝试正念减压法

情绪低落时，你会沉溺于消极的一切，只去想那些令你不满意的事情。如果你的想法、计划和注意力大部分都集中在担忧和问题上面，这可能会成为一种习惯，让你反复思考一个问题却永远无法得出结论。这时候，你的注意力倾向于从现实中抽离，转而去聆听自己脑海里的声音。继而，所有与这些消极想法相关的情感、记忆和身体反应圈都会浮现出来，就好像你真的在经历这些一样。

对于大脑告诉你的事情，请一定留心并记住，它们只是故事，不是事实。仅仅是某些想法，它们不代表着未来，也不能否认过去，所以当发现自己在某件事情上纠结彷徨时，试着把注意力转回到当下正在发生的事情上。问问自己此刻的感受，如果答案是"不好"，那就停下来，把注意力转移到别的事情上。告诉自己，一直纠结于某种想法并不能为你找到答案，试着积极地转移自己的注意力，无论是喝杯咖啡，给朋友打个电话，还是去跑步，都能够帮你摆脱消极想法的束缚，回到周围的现实世界。

试着更加留意你周围发生的事情。正念是一种很好的技巧，它可以帮助你练习去注意到生活中正在发生的事情，而不是沉湎过去或空想未来。正念的一个简单起点是关注你周围的世界。

充分使用你的五种感官：

1. 你能看到什么？

2. 你能听到什么？

3. 你能摸到什么？

4. 你能闻到什么？

5. 你能尝到什么？

听音乐时，留意不同的乐器演奏，聆听歌曲的歌词以及音高的流转变化。静下心来，仔细倾听你房间内外的各种声音。然后看看周围，你能看到什么？都是什么颜色的？光线在哪里，阴影在哪里？想想某种物体的纹理，它是硬的还是软的，粗糙的还是光滑的，碰触起来的手感如何？下次吃饭时，留意你所吃的食物。它是什么样子的？它闻起来怎么样？吃到嘴里感觉怎么样？咬一口时它的味道如何？

如果你尝试活在当下，就会发现，即使当你向外看的时候，你的思想也还是会被拉回到内心。这种情况是正常的，我们的思想都有开小差的时候，这是种古老而不容易打破的习惯。你只需稍加观察这些想法，然后将注意力重新集中在当前的时刻。今天是你唯一可以自己支配的时光，所以一定要让自己活在当下！

下一站，自信！

第十五章　从容自在的你

> 对自己感到从容自在，对自己的能力充满信心，这是对冒名顶替综合征的终极防御。

当你感到自信的时候，生活就容易多了。自信帮助我们找回自我、实现目标，让我们尝试新事物，信任自己的决策能力；它还帮助我们管理压力，感受自我价值，处理遇到的问题。自信，是冒名顶替者情绪的终极解药。

目前，你对自己的看法仍然落后于你的真实自我。你并没有把所有的成就都保存在自己的信心库中，于是当遇到新的问题时，你就没有信心库可以依赖。现在你已经明白对自己做出了错误的判断，我希望你还能明白，是时候认可自己的成就，并适当改变自己过时的观点了。

如果你想看到自己的全部，而不只是令人不满意的那百分之五，你就需要开始审视自己生活的全貌。现在，冒名顶替者的观点已经不复存在，确认偏误也不会再如以前一样影响你。这意味着你可以继续前行而不再束缚于旧的认知偏见，但你仍有可能无法认可并接受自己的成就。本章会帮你纠正这一点！

把这当作一个自信的训练营。我会介绍很多策略，而你必须非常努力去尝试运用。从现在开始你会走上一条新的道路，你会学着为自己考虑、善待自己。

接受你的成就

你需要以自己所做的一切为基础，建立一个内心的衡量标准，坦诚地对待自己的知识和成就。这将给你一个更加稳定和准确的自我形象，让你能够看到自己的成功；你也会更好地认识到自己的成就，认识到自己在实现这些成就时所扮演的角色。

当你试着接受自己的成就，这会为你所做的一切提供一份记录，好让你知道自己的能力。根据自己的实际经验，你可以自行评估需要添加什么，看看它们是否匹配。我认为这类似于顶级网球种子选手的培养方式：以之前所有表现的平均分决定他们的排名。如果只赢了一场比赛，他们不会自动成为头号种子；而如果输了一次，他们也不会跌落成为末等种子。种子选手的判定机制将他们所有的比赛结果都包含在内，这样就可以得到一个更全面客观的评测。

在向前迈进的过程中，你将能够认识到自己的优势并与之建立内部连接，而不再需要外部的确认来让自己感觉良好。这将令你享受自己的成功，建立自尊，并从自己的决策中获得信心。你将学会相信自己的直觉，让新的挑战看起来不再那么令人畏惧。

别担心，我并非鼓励你傲慢。你离傲慢还太远了，即使你把自己明显向上拔高，也仍然还有很长的路要走。然而，我的确希望你能建立起健康的自信心——基于对自己能力的准确理解以及对自己的信任。要做到这一点，你需要采取四个步骤：

第一步：认可你的成就，认识到你的优势。

第二步：承认你在这些成就中的作用，并了解其中的意义。

第三步：以实际行动表示你已经更好地看到了自己的优势和成功。

第四步：走出你的舒适区。

回顾自己的成就（见第四章和第十一章）是迈向这一目标的第一步。你的外在借口已经不可信，而这使你的内在品质脱颖而出。现在是时候看看你所做的一切，并（最终）接受你的成就了！

认识你的优势

请开始关注你的优势、技能以及其他与众不同的品质。

花点时间想想你的优点：

· 我有哪些优点？

· 过去我表现出了哪些优秀品质？

· 其他人可能如何积极描述我?

——说出这些品质也许很难,所以请以下面的列表为参考,举一反三找到适合你的词语。如果你觉得这个任务很难完成,可以问问朋友或家人,或者可以做一份优势测试问卷(VIA 性格优势在线调查就非常好用,而且是免费的)。

包容 坚定 **有能力** 关爱他人
自信 有决心
脚踏实地 **高效** 有共情心
热情 经验丰富 友好
有趣 温和 **努力**
诚实 明智 **逻辑性强**
忠心 **成熟** 栽培他人
开明 乐观 耐心
有洞察力 真实 **快速思考**
现实 牢靠 抗压力强
人脉广 负责 认真 坚强
支持他人 **周到 值得信赖**
多面手 乐于助人

一旦确定了你的优势,就要更多地评估自己的其他相关优势,并尽可能识别出最多。然后试着把范围缩小到五个,问问自己,你使用这五种优势的频率如何?在什么情况下最倾向于使用它们?还有其他的领域可以使用它们吗?从现在开始,试着留意自己的优势,注意到自己做得很好,意识到你每天都在运用其中的一项优势。

告诉我更多

接下来，请你的朋友和家人写下你的好品质，并把它们发给你。试着问至少三个人，越多越好，这是治疗行将结束时，我要求人们做的事情。他们总是对这个想法感到害怕，但我保证这样做是值得的。讨论每个人所写的东西时，过程总是非常特别的，并且会极大改善自信心。通常这里面会有很多重叠的品质，而听到别人对你的看法是一种神奇的经历，尤其这些看法还与你看待自己的方式截然不同。

总结你的主要优势和技能

请回顾你在第四章和第十一章中创建的列表。现在，请加上你自己确定的优势，再加上你从朋友和家人那里得到的反馈。接下来，写一个清单，列出你值得得到某份工作、某段关系或加薪的所有理由。不管哪种，选择最适合你的情况的那个。为什么你的老板会认为你有能力、值得升职加薪？你不是骗子，把这背后的原因加上去。当你感到焦虑的时候，便想一想这个列表。

最后，确定你的主要优势和技能。看着写下来的所有内容，是否有一些关键的想法脱颖而出？通常当某个同样的想法不断地重复出现，最终一些核心主题就会显现。你工作努力吗？忠诚吗？有创意吗？

列出你的五项主要优势和技能，命名为"我的主要优势和技能"。把你所写的内容都添加进去，这才是真正的你。

留意好的事情

现在你对自己的过去有了一个更公平的认知，我希望确保你的日常生活也采用同样的方式。我们很少把时间花在美好的事物上，当生活忙碌时，很难给予它们应有的关注。我们自然而然地把精力集中在日常生活中出现的问题上，并且经常反复思考那些让自己不开心、焦虑、难以应对的事情。

你可以选择把精力放在哪里，记住这一点非常重要。留意那些每天让你感觉良好的事物，而不是等待巨大的成功或一段可以避世的假期。多去想好的事情会对你的情绪和信心产生积极的影响，让你感到身体充满活力、乐观和平静。

为了转移你的注意力，请开始留意并记录下每天发生在自己身上的好事。努力回想自己的积极经历，不管它有多小。这会形成一个良性循环。一旦你开始寻找这些东西，你就会看到更多。每天把它们写在笔记本或手机上。它们可以是任何进展顺利或令你满意的事情——工作、个人或社交。在一天结束的时候，花五到十分钟想想你留意到的所有好事情。

· 记录你所有的成就，不管成就有多小，都要去庆祝。

· 找出任何能让你微笑或感到开心的事情。

· 接受称赞。

· 停止将成就最小化。

· 记录事情发生的过程中你所扮演的角色。

· 坦然接受表扬。

想一想好的事情为何会发生。你所找出的理由和反思会让自己更加积极正面地看这个世界。一周结束时，回顾一下自己列出的清单，给予它们应有的关注。

来找我进行心理咨询的人们常常会发现赞美是一个绊脚石。处理这个问题的一种方法是：想一想如果你不接受恭维的话，对恭维你的人会有什么影响？你的意思是，当他们想对你说些好话时，你认为他们的说法不正确，因为你比他们更了解自己。你有没有遇到过这样的情况：你称赞别人而他们却对此置之不理？那感觉可一点儿都不好。所以当别人称赞你时，说声谢谢，然后记下来！

劳累的一天过后，反思可能是你最不想做的事情，但只要你开始做一些事情，你就会想到，它会以更好的方式结束一天。在你感觉良好的日子里，回想并重温这些时刻是令人愉悦的经历。

姿态很重要

你可以利用身心联系来增强自信，尤其是涉及自己的姿态时。发表在《欧洲社会心理学杂志》上的一项研究发现，同样是坐在椅子上，坐直的人比坐歪的人在调查中表现出更多的自信。研究发现，在社交场合中，合适的仪态也会建立起力量感和信心。由于艾米·库迪在哈佛大学完成的研究，自信姿态这个话题也登上了头条。在模拟实验中，她发现，坐姿自信优雅的人令人感觉更强大，并且也在实验中表现得更好。

记住你旧理由的答案

旧理由	回应成功的新方式
我只是走运。 那只是侥幸。	运气不能削减成功；它在成功中只占一小部分因素。 运气到来后，你接下来做的事情才是成功与否的关键。
我是个好演员。	没人可以一直演下去。 你的能力是你的一部分，它不是演戏。
我欺骗了他们。	你太小看别人了！不要忘记事实胜于雄辩，考核、测评、目标设置，这些是不可能被欺骗的。
那是因为他们喜欢我，他们只是出于礼貌。	亲和力并不能削弱成功；它是种超能力。 没人会单纯因为喜欢你就给你一份工作。 亲和力、魅力和与他人相处的能力是成功非常重要的因素。 它会使你成为更好的团队伙伴、老板或员工。
这真的没什么，它只是听上去了不起。	记住要保持现实的标准。 如果人们觉得有什么事物听上去了不起，那一定不会是空穴来风。 往好的方面想，而不是只留意消极的东西，这一点很重要。
我得到了很多帮助。	了解你的工作不代表你了解一切；它意味着你自己了解其中一部分并准备好去找出你所不知道的答案。
我只是特别努力而已。	努力是种能力，它需要坚持、决心、注意力和学习能力。这对多数人来说并不是很容易的事。
我都做到了，其他人也能。	这实在是大错特错。要知道事情进展顺利是因为你把它做好了，你具备这样的优点和才能，要承认它们！
我只是赶上了好时机。	你需要知道什么时候行动，看到自己的优势并充分利用。 尘埃落定时，很容易看到过去的重要时机，但没有成功很多次呢？很多努力都是为了确保时间安排的有效性和所有事情的正确性。
他们的门槛很低。	申请的时候你也这样想的吗？还有谁也得到了这个机会，而你又如何看待他们的？ 给你一个席位，并不代表这家机构的门槛很低。

（续表）

旧理由	回应成功的新方式
他们犯了个错误。	大学、学科和工作都有非常严格的面试和申请程序。
他们只是可怜我。	没人会出于可怜而给予你一份工作或学习某个专业的机会。
这是正向差别待遇。	正向差别待遇也抵不过你适合，如果真是这样的话，那么工作应该有着平等得多的划分，尤其涉及性别、有色人种及少数民族、LGBT等群体时。
其他人都不想做。	真的吗？
我迟早会被揭穿的。	没什么好被揭穿的。 你所感受到的不适是每个人都会经历的，它并不能说明你是冒名顶替者。
我有关系。	利用人际关系不能削弱成功。 人际关系和社交网可以令你的机会最大化，是找工作时被理解和认可的有效途径。
我只是比较擅长写论文。	只有学得好，论文才能写得好。看看论文中所写的一切，是你做出了所有这些！
我面试发挥得好。	面试时，好的发挥是一项技能，但面试并非决定因素。 雇主还会看你的背景、经验、资质和推荐信。
这是行政失误。	你听说过这样的事吗？反正我没听说过。
肯定因为招收数额没有达到。	有证据吗？这是一个想法还是事实？如果你准备不充分却仍然做得很好，这说明你聪明又能够在压力下取得好的工作成果。
我只是备选名单上的，他们并不是真的想要我。	你靠自己努力上了备选名单。 名单上的人都是他们想要的，只是没有合适的职位。
他们弄混了分数。	太不可能！对此负责你分数的人是否有话要说？只需提醒自己，你做得很好。
他们录取错了人。	怎么会发生这样的事？想想你所过的一个个关卡。记住，你能够做到，招到你是他们的幸运。
我选了一个非热门专业。	不管专业是什么，教育机构仍然非常挑剔；你需要通过所有考试才能通过或达标。

庆贺自己的成就

庆贺自己的成就，奖励自己，不是在你审视过所做的事情之后，而是在成功的第一时间！如果你签下了新合同，给自己买一份礼物，和亲人或朋友出去吃顿饭，给家里买点东西，或者做个按摩，无论什么方式，只要让你觉得是种享受。有太多时候我们不会为所做的事情奖励自己，而是继续去做下一件事。所以请把这看作是积极的强化！

谈论你的表现

到了这个阶段，我希望你开始分享你为之自豪的成功，并更多地谈论你的生活和工作。这是另一个难题。自我贬低通常被认为是有礼貌的，谈论自己会让你觉得有自吹自擂的嫌疑，你可能担心别人会做出消极的反应，或者自信会让你丧失亲和力。

我并不是让你到屋顶上大喊你的成功，也不是去告诉你认识的所有人，只是让你去和自己在意的人聊一下。这让你有机会可以更好地与他们联络感情。谦虚并不意味着否定你的成功，谈论一些事情并不意味着吹嘘它。只是希望你简单地想想你乐意分享的事，并说与你在意的人听。

为自己的成功感到抱歉，认为贬低自己才会被接受，这些想法都是错误的。有信心是件好事，我们都应该谈论自己引以为豪的事情。只有这样做，我们才能更自在地感受自己的成功，成功也才会变得更容易被接受。

接受自我

读这本书之前，你可能不太确定自己除了冒名顶替者还能是什么，但现在我希望你可以看到，你不是冒名顶替者，你比这重要得多得多。要真正自在地做自己，你需要认识并能够舒适地展示你的全部——你喜欢的部分和不太喜欢的部分。

当我们不再评判自己，不再对想象中别人不喜欢的部分加以隐藏时，我们就可以获得更积极的自我意识。然后，我们就有机会看到，别人将接受那个风光无限的你，也会接受那个乱七八糟的你。认识到这一点，你就可以自信地做自己。这种自我接受以及与他人的连接方式是幸福健康人生的关键。

接受还意味着信任生活，放弃控制一切的想法，认识到自己负责不了生活中的所有事情。不管你多么努力，生活也并不会是一帆风顺的，而为了防止可能的错误，你已经给自己带来了更大的压力。与其这样，不如顺其自然。没有你对它的严格把控，生活仍将继续。诚然，你不能保证它总是平稳运行，但当你采取这种生活方式时，生活本身会变得更加令人愉快。

走出你的舒适区

由于冒名顶替综合征的影响，你可能已经习惯于在某些事情上能拖就拖，或者避开它们，不尽全力去尝试。长久以来，你所熟知的一切都让你感到舒适，尽管它发挥的并不是好的作用。这意味着你不会去冒险接受新的挑战，也不会去追求你真正想要的东西。你可能认为，躲着不挑战自己会让生活更轻松，但这恰恰让你的人生充满不安全感、内疚和后悔。竭力避免任何风险，你又到底得到了什么呢？也许你会有个相对安稳的人生，但它同时也是幸福和充实的吗？

我们的最后一步，就是接受你已经逃避了如此之久的不适感。从现在起，了解自己舒适区的局限性，并采取措施走出去，这对你来说非常重要。新的经验、新的爱好和定期挑战自己，对保持良好的心理健康、个人成长和提高自尊都是非常重要的。只有在熟悉的领域之外冒险时，你才会越来越多地发现真正的自我。

挑战自己，挑战自己的个人界限，这会让你进入一个新的领域，把你推向一个压力水平略高于正常水平的空间。你应走出舒适区，全神贯注于正在做的事情。伴随着雄心壮志和学习新事物的动力，一股自然的向上力也油然而生。你做得越多，就越能感受到它，因为你已经习惯了这种延续的不适状态。这让你有机会发挥自己的潜力，发现自己所能。

想要克服冒名顶替综合征，你要学会对自己的不自在感到自在。你脑海中偶尔还是有些小杂音试图找各种理由让你偏离轨道，但你要忽略它们，转而聆听通过阅读本书而形成的新声音——这才是值得信任的声音。你需要直面自己一直在回避的事情，这样你就可以证明对它们你可以应付自如，因为你已经足够优秀了。是的，一开始你可能会感到害怕，但很快你就会习惯。这样做非常值得，它会给你带来诸多好处。

首先，为自己设定一些目标：

·想想你的理想和抱负，你想做、想尝试的新事物，以及你想去的地方。

·有哪些挑战是你能够为自己设定，却一直拖延或回避的？

· 想一想你的感受如何阻碍了自己的职业发展，然后采取深思熟虑的对策，例如升职或寻找更具挑战的工作机会。

· 当你的大脑说"不要"时，试着去做相反的事情。不要接受升职吗？接受它才是你要做的。不要说出来？那就更要说出自己的想法，看看别人的反应。

选择几个目标进行尝试。走出自己的舒适区时，你要乐于感到不自在，并穿越自己的恐惧。

提醒自己：

· 所有人在新情景下都会有所不适。

· 尝试新事物时，有力不从心的感觉很正常。

· 尝试总比从不了解要好。

· 要学会享受刺激。

· 重新定义不适感会给你带来好处。

正如本章开头所说，对自己感到从容自在，对自己的能力充满信心，这是对冒名顶替综合征的终极防御，所以请经常为这些品质而努力。想想你在说服自己是冒名顶替者方面所付出的努力，如果你能够在这方面付出同样的努力，那么你将会做出多大的改变！

结 语

自我共情，自信前行

　　你在这方面的努力才刚刚开始。我们一起种下了改变的种子，现在要由你来照顾它们，浇灌它们，培育它们，让它们年复一年地继续开花。冒名顶替者的部分是你的脆弱点所在，它就像花朵一样，需要同情和关爱。越是以新的思维方式为基础，将健康的应对策略融入日常生活中，就越容易将新的观点坚持下去，这样你才能够建立对自己的信任，继续过健康幸福的人生。

　　我希望你已经能够质疑自己的自我观念，并从现在开始思考你生命中最重要的东西。你应该和刚开始读本书的时候感觉非常不同，并且已经明白自己不是个冒名顶替者。你过去的生活方式更多的是在禁锢你而非保你平安。

　　只要敢于挑战心中冒名顶替者的声音，你就会发现自己有能力获得成功，你完全可以相信自己。以后无论你做什么，这种新的自我观念都会给你带来内心的平静和自信。你现在可以自由地去过自己向往的人生，因为现在的你就已经足够好。

成功对你意味着什么？

一直以来，我都会把这个问题留到最后，因为我不想让冒名顶替综合征影响到你对成功的判断。读这本书之前，你认为自己是冒名顶替者，而成功则是摆脱这种想法的解药。而现在你应该非常清楚的是，以前的生活方式并没能奏效。它没给你带来快乐或满足，也没有对你的成功给予应有的奖赏。当你沉迷于最后的目标——想象、希望和计划未来，它会让你看不到生活即冒险，也看不到人生的目的——去生活。

现在，充分了解到原有观念的缺陷以及冒名顶替综合征的心理陷阱后，你仍然觉得为成功而牺牲一切是值得的吗？我不知道你的答案会是什么，但我知道，要摆脱冒名顶替综合征，过健康快乐的人生，你需要为自己和自己的需求着想。你一直忙着戴面具，却忘了自己真正想要什么。

现在你可以看到，你不必推动生活前进，也不必控制一切，顺其自然反而更令人愉快。请允许自己，将时间和精力投资在自己身上，去过一个真正属于你的人生。

站在新的有利位置上，我仍希望你退后一步，给自己时间去思考：现在成功对你又意味着什么？你的答案将决定你前进的方式，它还将提供路线图，确保你不会偏离轨道。

请花些时间想想你真正想从生活中得到什么？注意：不是认为自己应该做什么，也不是别人期望你做什么。问自己想要什么？然后倾听内心那个富有同情心的声音，因为它知道什么对你最好，什么又是你需要的生活。

问问自己：

· 现在成功对我意味着什么？

· 我自己想要什么？

· 我想从生活中得到什么？

· 我想从人际关系中得到什么？

· 我所做的这一切都是为了什么？

在我看来，成功不仅仅是一件事，而是一种分层的体验，它反映了你如何将生活中所有不同的元素——家人、朋友、爱好、兴趣和激情——融合在一起。真正的成功，是收获对自己重要的一切。所以什么对你才是最重要的呢？一旦你有了这个问题的答案，就把这个成功秘诀写下来，称之为"我的个人成功秘诀"。

成功对每个人的意味各不相同。找出成功对于你的含义，也就给了自己追寻成功的理由。它可以作为前进路上的核准点，让你始终保持正确的方向。

你内心冒名顶替者的声音可能还会隐隐闪现，告诉你新方法不会奏效，比如它会说降低自己的标准是疯狂之举，你会错过做到完美的满足感，你也到达不了想去的终点。如果受困于冒名顶替综合征的陷阱，请回顾一下你的个人成功秘诀，并问问自己，哪种方法最适合从生活中得到你真正想要的东西。

回顾你的进展

现在请花些时间回顾一下到目前为止你所做的一切，这是我在心理治疗过程中采用的一个步骤，它有助于巩固你头脑中的那些尚且新鲜的想法。当需要时，它会提供一些东西让你看到，这样你就能够得到快速简单的提醒，而不必回顾整本书的所有内容。请花点时间做这件事，把它记在你的笔记本上或者其他容易看到的地方。

首先回顾一下你在开始时所做的承诺。你希望做的三个最重要的改变是什么？你成功了吗？我希望你已经实现了自己的目标，并从这本书中学到了你想要的。问问你自己需要做些什么才能将新的想法坚持下去？你还有什么其他需要做的吗？

接下来，我希望你能够回顾一下，在读完本书以及尝试过每一种战略后你写下来的所有内容。

·读这本书的时候，哪些想法最能引起你的共鸣？

·在理解冒名顶替综合征及其运作方式方面，最有帮助的内容有哪些？

·哪些章节真正触动到你？

·你觉得哪些技巧和策略特别有用？

·你想追随运用哪些关键想法？

·你打算如何做到？

·谁能支持你？

记下你希望加以应用的想法，并在日历中写下一些提醒，以检查自己在未来几个月的表现。这将有助于你记住它们并保持努力。你还可以把自己在做的事情告诉家人和朋友，他们的鼓励将是无价的。

有些日子过得可能容易些，有些日子可能会让你觉得很难。而在困难的日子里你更要时刻铭记自己的新想法。你用得越多，开辟新的途径时，它就会变得越容易。我保证，坚持是值得的。在需要的时候，一定要回顾自己的笔记，一定要提醒自己经常回顾，并且善待自己，这样你才能回到正轨。

要留心你对自己的期望，并对之保持持续关注。记住，没有人每天都感觉很好，有时感到紧张是正常的。当感到不适时，不要从中得出你不能胜任这项任务的结论，它仅仅说明你是情感丰富的人类。

认清你的警告讯号

接下来，请想想你的警告讯号。你对冒名顶替综合征的看法已经从根本上得以改变，但是旧的恐惧可能会时不时地冒出来，令你很容易又回到旧习惯。为了避免这种情况，想想冒名顶替综合征在你的生活中是如何运作的，这些便是你的警告标志。当你发现它们反复出现时，就是冒名顶替者的想法卷土重来的讯号。

这些讯号可能是：

·工作过度；

·完美主义；

·害怕失败；

·逃避；

·拖延；

·自我批评；

·自我怀疑；

·不安全感。

如果它真的回来了，不要只是等着它自己离开。要积极主动地解决任何问题，看一看自己写下的笔记，如果需要的话，可以再次阅读书中的某些章节。停下来重新评估似乎是一种奢侈，但这是我们都应该经常做的事情。如果你不假思索一味向前，那么什么都改变不了。

你可以把这个过程想象成一个补充阶段。重新阅读你最喜欢的章节，然后重新使用这些策略。这有点像头痛时服用止痛药：仅仅因为你吃过一次，并不意味着下次头痛时它就不会再起作用了。如果发现某些想法对你有用，那么将来它们仍然有用。你心里明白，新方法对你更有效，你只是需要一个提醒。

如果这些都不起作用，你仍然在苦苦挣扎，那么请去见你的家庭医生。他们可能会建议你找一位心理咨询师，帮助你把这些想法付诸实践，克服你遇到的任何问题。

记住这些关键想法

最后，是可以供你践行的一些关键想法：

·你并不孤单，几乎每个人都曾在人生的某个阶段认为自己是冒名顶替者。

·记住身为人类意味着什么。

·同情、同情、同情。

·每个人都会感到某些程度的不适，这可能是促进个人成长的好事。

· 每个人都会经历不安全感和自我怀疑。

· 完美不存在。

· 失败是学习和获得韧性的重要途径。

· 我们并非只有一面。

· 谁也无法做到永远掌控一切。

· 与他人谈论冒名顶替综合征。

· 生活是一次冒险，而不是一场竞赛。

恭喜你，你将要读完整本书了。你应该为自己和你所做的一切感到骄傲。做出这些改变将是并且将继续是非常困难的。认识到人生路上已经走了多远真的很重要，不要低估你所取得的成就。

现在我要做的就是祝你一切顺利。请继续坚持这些新想法，并记住没有包治百病的灵丹妙药，你只需要找出最适合你的方法。善待自己，继续努力接受自己，更加自在地做自己。如果你认为自己已经足够优秀，那么其他的一切都会改变，这样的意识会渗透到你所做的一切当中。

变化常常充满不确定性。然而，不要总是想着事情可能出错，而是坚持每次进步一小步。我的座右铭是，"小进步，大改变"。每一天都要坚持下去，不断地提醒自己所有可能顺利的事，而不是可能出错的事。记住，改变是一个持续的过程，你永远不会停止成长和进步。

最后再花一点儿时间看看到目前为止你所做的一切。我希望你能看到自己有多么坚强。抓住这个想法，在你的身体里为它找一个地方，把它安全地放进去。记住，你并不是唯一一个受冒名顶替综合征困扰的人。让我们不再将它保密，大方谈论它的运作方式，这样它就不会再侵扰我们的生活。